高等院校“十三五”应用型规划教材

大学计算机信息技术实验教程

主　编　沈维燕　古秋婷　李　娟
黄　艳　朱丽丽　范小春

南京大学出版社

图书在版编目(CIP)数据

大学计算机信息技术实验教程 / 沈维燕等主编. 一南京:南京大学出版社, 2020.12(2022.7 重印)

高等院校"十三五"应用型规划教材

ISBN 978-7-305-23293-0

Ⅰ. ①大… Ⅱ. ①沈… Ⅲ. ①电子计算机一高等学校一教材 Ⅳ. ①TP3

中国版本图书馆 CIP 数据核字(2020)第 083218 号

出版发行 南京大学出版社
社　　址 南京市汉口路 22 号　　　邮　编 210093
出 版 人 金鑫荣

书　　名 大学计算机信息技术实验教程
主　　编 沈维燕　古秋婷　李　娟　黄　艳　朱丽丽　范小春
责任编辑 沈　洁　　　编辑热线 025-83595860
照　　排 南京紫藤制版印务中心
印　　刷 常州市武进第三印刷有限公司
开　　本 787×1092　1/16　印张 8　字数 205 千
版　　次 2020 年 12 月第 1 版　2022 年 7 月第 4 次印刷
ISBN 978-7-305-23293-0
定　　价 25.50 元

网址:http://www.njupco.com
官方微博:http://weibo.com/njupco
官方微信号:njupress
销售咨询热线:(025)83594756

前　言

在以人工智能为代表的当下，如何达成新工科背景下高等教育人才培养的目标，让学生掌握最新的计算机操作技能，进而能运用计算机解决日常生活中的实际问题，同时培养学生的信息素养和计算思维能力，已成为《大学计算机信息基础》课程教学的首要任务。

本教材为实验指导书，作为高等学校所有专业学生学习《大学计算机信息技术》教程时使用的上机练习用书。本书以学生自学为主，教师课堂教学为辅。本书涵盖了全国计算机等级考试一级(MS Office)考试大纲中的上机操作的相关内容。通过本书的学习，读者将具备一定的信息素养和计算思维能力，以及通过现代计算机工具解决实际问题的思维与应用能力。本书讲述了 Windows 7 操作系统、Office 2016 办公软件、计算机网络基础以及计算机新技术。

本书内容新颖、面向应用、强调操作能力培养和综合应用。其宗旨是使读者快速掌握办公自动化技术、网络环境下的计算机应用技术等。既可以作为应用型本科院校的计算机入门课程的教材，也可以作为计算机初学者的培训用书和自学教材。

编　者

2020 年 12 月

目　录

第一章　Windows 7 操作系统

操作系统是控制和管理计算机系统资源、方便用户操作的最基本的系统软件，任何其他软件都必须在操作系统的支持下才能运行，它已成为计算机系统必不可少的基本组成部分。操作系统负责对计算机的硬件和软件资源进行统一管理、控制、调度和监督，使其能得到充分而有效的利用。

一般情况下，用户都是先通过操作系统来使用计算机的，所以它又是沟通用户和计算机之间的“桥梁”，是人机交互的界面，也就是用户与计算机硬件之间的接口。没有操作系统作为中介，用户就难以直接使用计算机。因此，掌握操作系统的常用操作是使用计算机的必备技能。

当前最流行的操作系统有 Windows 系列，UNIX，Linux，OS 等。就个人计算机而言，Windows 操作系统以其图形化的用户界面、方便的操作和强大的资源管理功能赢得了众多用户的青睐。

打开主机的电源开关后，系统首先进行硬件的测试，测试硬件没有问题后便开始系统的引导过程，将 Windows 操作系统从硬盘（或光盘）载入到内存储器中自动运行。Windows 启动后，展现在用户面前的屏幕区域称为桌面，桌面上的一个个小图片称为图标，它们可代表某一对象（磁盘驱动器、文件、文件夹等），也可以是某一对象的快捷方式。图标的排列方式有自动排序和非自动排序两种。若用鼠标右击桌面空白处，在弹出的快捷菜单中选择“排序方式”子菜单，则可分别选择将图标按名称、大小、项目类型和修改日期等进行自动排序；用户也可以拖动桌面上的图标按照自己的喜好来安排它们在桌面上的位置。移动鼠标，将箭头指向桌面的一个图标后双击鼠标左键，根据图标所代表的对象不同，或启动程序运行，或打开文档，或显示一个磁盘驱动器根目录区内容，或显示一个文件夹中的内容等。

桌面的最下面一行称为任务栏。任务栏一般出现在屏幕的底部（也可以根据用户的设置出现在桌面的其他位置）。任务栏的最左边是“开始”按钮，单击该按钮将显示“开始菜单”，通过“开始菜单”可以运行已安装的程序、打开文档、查找文件或阅读 Windows 的联机帮助文档。一个正在运行的程序称为一个任务，Windows 允许多个任务存在，并为每个任务在任务栏上显示一个任务按钮，单击这些按钮可以快速地从一个任务的显示窗口切换到另一个任务的显示窗口。当前活动窗口对应的按钮颜色突出，用鼠标单击非活动窗口对应的按钮，其对应的窗口则成为活动窗口，活动窗口是唯一的。

在 Windows 中，每个应用程序运行时一般都会显示一个窗口。所谓窗口，就是显示在桌面上的一个矩形工作区域。在运行某一程序或在这个过程中打开一个对象后，窗口会自动打开。Windows 窗口分为两类：应用程序窗口和文本窗口。窗口的顶端一行称为标题栏，用于显示窗口标题，窗口标题栏的右边一般都有一组按钮，单击这组按钮可分别对窗口进行最小化、最大化、还原和关闭操作。关闭操作意味着程序终止运行或文本的关闭。在程序窗口的上方，一般会有一行菜单栏。所谓菜单是一组组命令的集合，命令用于完成某项功能，每个应用程序都有自己的菜单。Windows 操作系统都把命令列在菜单上，用户可以从中选择所需的命令，执行时只需用鼠标单击菜单栏中欲打开的菜单名，在弹出的下拉菜单中单击相应的命令即可。

存储在硬盘上的程序或文档称为文件。计算机的软、硬件资源都是以文件的形式组成的，Windows 操作系统通过文件来控制和管理计算机资源，系统提供了“计算机”工具用于文件管理。双击桌面上“计算机”图标，系统便打开了“计算机”运行窗口。在该窗口，用户可以快速查看硬盘、光盘驱动器以及映射网络驱动器的内容，还可以从“计算机”中打开“控制面板”，修改计算机中的多项设置，以及卸载或更改程序。利用计算机“管理”工具，可以查看计算系统一些相关软、硬件信息，也可对计算机的软、硬件资源进行管理。

为了有效地管理文件，Windows 操作系统采用了树形结构文件夹的管理机制。所谓文件夹，就是用来存放文件和子文件夹的相关内容，子文件夹还可以存放子文件夹，这种包含关系使得 Windows 中的所有文件夹形成一种树形结构(参见本章实验 2 中的图 2 - 1)。用户可以自己建立文件夹，并把若干个相关的文件保存在同一个文件夹中。

利用 Windows 操作系统中的“计算机”，可以建立文件或文件夹，能够对文件(或文件夹)进行复制、移动、重命名、删除和修改属性等操作，也可以为其创建快捷方式。所谓快捷方式，是指链接到文件或者文件夹的图标，双击快捷方式可以打开指向的文件或文件夹，方便用户操作。

文件除了具有文件名、文件类型、文件打开方式、文件存在位置、文件大小及占用空间、文件创建、修改及访问时间等常规属性等，还有“只读”“隐藏”和“共享”三种属性，这三种属性均是可以人为设置改变的。

对操作系统进行正确的维护与管理，可保持系统的稳定运行，提高运行效率，方便用户使用。为此，Windows 操作系统专门提供了“控制面板”和一组特殊用途的管理工具，用户使用这些工具可以进行系统设置，调整 Windows 的操作环境，使系统处于最佳的运行状态。

本章共安排了 3 个实验，通过上机练习，希望读者掌握 Windows 7 操作系统的基本操作，熟练进行资源管理器的操作与应用，熟练进行文件(或文件夹)的建立、复制、移动、重命名、删除等操作，掌握文件、磁盘、显示属性的查看、设置等操作，掌握中文输入法的安装、删除和选用，掌握检索文件、查询程序的方法，了解软、硬件的基本系统工具，加深对课本中有关内容的理解，为后续内容的学习以及熟练使用个人计算机奠定基础。

实验 1　Windows 7 的基本操作

一、实验要求

1. 掌握键盘和鼠标的操作。
2. 掌握 Windows 7 桌面外观的设置。
3. 掌握任务栏的相关设置。
4. 掌握窗口和对话框的操作。

二、实验步骤

1. 键盘和鼠标操作

(1) 键盘功能键操作

① 打开计算机,按 F1 键,观察此操作的结果。

② 选中桌面上的“计算机”图标,按 F2 键,观察此操作的结果。

③ 在桌面上,按 F3 键,观察此操作的结果。

注:十二个功能键的作用

F1:当用户处于一个选定的程序中而需要帮助时,可以按下 F1,打开该程序的帮助。如果现在不处于任何程序中,而是处在资源管理器或桌面,那么按下 F1 就会出现 Windows 的帮助程序。如果你正在对某个程序进行操作,而想得到 Windows 帮助,则需要按下Win+F1。

F2:如果在资源管理器中选定了一个文件或文件夹,按下 F2 则会对这个选定的文件或文件夹重命名。

F3:在资源管理器或桌面上按下 F3,则会出现“搜索文件”的窗口。因此如果想对某个文件夹中的文件进行搜索,那么直接按下 F3 键就能快速打开搜索窗口,并且搜索范围已经默认设置为该文件夹。

F4:这个键用来打开 IE 浏览器中的地址栏列表。要关闭 IE 窗口,可以用 Alt+F4 组合键。

F5:用来刷新 IE 浏览器或资源管理器中当前所在窗口的内容。

F6:可以快速地在资源管理器及 IE 浏览器中定位到地址栏。

F7:在 Windows 中没有任何作用,在 DOS 窗口中有作用。

F8:在启动电脑时,可以用它来显示启动菜单。

F9:在 Windows 中同样没有任何作用,但在 Windows Media Player 中可以用来快速降低音量。

F10:用来激活 Windows 或程序中的菜单,按下 Shift+F10 会出现右键快捷菜单。而在 Windows Media Player 中,它的功能是提高音量。

F11:可以使当前的资源管理器或 IE 浏览器变为全屏显示。

F12:在 Windows 中没有任何作用,但在 Word 中,按下它会快速弹出另存为文件的窗口。

(2) 键盘控制键操作

双击桌面上的"计算机"图标以打开资源管理器,然后执行以下操作。

① 按下 Print Screen 键。

② 在"开始"按钮上单击"所有程序",选择"附件"中的"画图"程序。

③ 在画图程序中,按 Ctrl+V 键,观察此操作的结果。

④ 如果在步骤①中同时按下 Alt+Print Screen 键,同样可在画图程序中观察该操作的结果。

(3) 键盘练习——文字输入

注:粘贴文字或文件的方法

1. Ctrl+V 快捷键。
2. 单击"编辑"菜单,在其下拉菜单中单击"粘贴"命令。
3. 在空白区域单击鼠标右键,在弹出的菜单中单击"粘贴"命令。

注:键盘上常用控制键的作用

Alt:与另一个(些)键一起按下时,将发出一个命令,其含义由应用程序决定。

Break:用于终止或暂停一个 DOS 程序的执行。

Ctrl:与另一个(些)键一起按下时,将发出一个命令,其含义由应用程序决定。

Delete:删除光标右面的一个字符,或者删除一个(些)已选择的对象。

End:一般是把光标移动到行末。(Ctrl+End:把光标移动到整篇文档的结束位置)

Esc:经常用于退出一个程序或操作。

Home:通常用于把光标移动到开始位置,如一行的开始处。(Ctrl+Home:把光标移动到文档的起始位置)

Insert:输入字符时可以有覆盖方式和插入方式两种,Insert 键用于两者之间的切换。

Num Lock:数字小键盘可以像计算器键盘一样使用,也可作为光标控制键使用,由本键在两者之间进行切换。

Page Up:使光标向上移动若干行(向上翻页)。

Page Down:使光标向下移动若干行(向下翻页)。

Pause:临时性地挂起一个程序或命令。

Print Screen:记录当时的屏幕映像,将其复制到剪贴板中。

执行以下操作:

① 在桌面空白处单击鼠标右键,在弹出的菜单中指向"新建"命令。

② 在"新建"子菜单中选择"文本文档"命令,从而在桌面上创建得到"新建文本文档.txt"。

③ 双击打开创建的文档,在空白处输入以下内容。

一路春和景明,艳阳高照,绿树掩映,禽鸟争鸣。过宝界双虹,至蠡湖中央公园,徐步而入,远处仿凯旋门建筑若隐若现,恢宏雄壮。向右数百步,似希腊神庙之宏伟建筑跃入眼帘,神庙庄严肃穆,蓝天白云映衬,更着沧桑之感。拾级而上,空空如也,唯数十根圆柱支撑,却宽敞明亮,八面来风。

出公园,徐前行,恍若置身画中。但见:湖光山色,游人如织。黄发垂髫,怡然自乐。三五情侣,呢喃细语。百十风筝,九霄斗艳。迎风细柳,舞动江南烟雨;绕水长廊,包孕吴越春秋。湖中游鱼,成群结队;林间鸟鸣,不绝于耳。一派春光收眼底,满湖秀色入心田。

④ 继续在该记事本中，使用英文输入法输入以下英文内容。

Youth

Youth is not a time of life; it is a state of mind; it is not a matter of rosy cheeks, red lips and supple knees; it is a matter of the will, a quality of the imagination, a vigor of the emotions; it is the freshness of the deep springs of life.

Youth means a temperamental predominance of courage over timidity, of the appetite for adventure over the love of ease. This often exists in a man of 60 more than a boy of 20. Nobody grows old merely by a number of years. We grow old by deserting our ideals.

注：

● 输入法的切换

单击状态栏(任务栏右侧)中的输入法图标，在弹出的菜单中选择所需的输入法；或者同时按下 Ctrl＋Shift 键选择另一种输入法，每按一次，就换一种输入法，直到所需的输入法出现。

● 中英文的切换

按 Ctrl＋Space 键，则能在中文和西文输入法之间进行切换。

● 全角与半角的切换

选用中文输入法后，用鼠标单击“输入法状态”窗口中的“全角/半角”切换按钮，或同时按下 Shift＋Space 键，即可改变“全角/半角”的输入状态。在“半角”输入时，所有输入的英文字符和数字、标点符号都只占一个字节的存储空间；在“全角”输入时，则都占两个字节的存储空间。

(4) 鼠标常规操作

① 定位：将光标移至桌面的“计算机”图标上，观察此操作的结果。

② 单击：将光标移至任务栏的“开始”按钮上并单击，观察此操作的结果。

③ 双击：将光标移至桌面的“回收站”图标上并双击，观察此操作的结果。

④ 右击：将光标移至桌面的“回收站”图标上并右击，观察此操作的结果；双击桌面上的“计算机”图标，打开资源管理器，在 C 盘图标上右击，观察此操作的结果。

⑤ 拖动：拖动桌面上的“回收站”图标，观察此操作的结果。

2. 掌握 Windows 7 桌面外观的设置

(1) 隐藏桌面图标

要隐藏桌面上的图标，可以按照以下步骤操作。

① 在桌面空白的位置右击，在弹出的菜单中指向“查看”。

② 在“查看”子菜单中选择“显示桌面图标”命令。

③ 此时“显示桌面图标”前面的符号 ✓ 将消失，同时桌面上的图标也被隐藏。

(2) 自定义桌面背景

桌面背景又称墙纸，即显示在电脑屏幕上的背景画面，它没有实际功能，只起到丰富桌面内容、美化工作环境的作用。

设置桌面背景，其操作步骤如下。

① 右击桌面的空白位置，在弹出的菜单中选择“个性化”命令，在弹出的对话框中单击“桌面背景”命令，如图 1－1 所示。

图 1 - 1　设置“桌面背景”

② 在弹出的对话框左上方的“图片位置”下拉菜单中，可以选择要设置的图片所在的位置，如图 1 - 2 所示。

图 1 - 2　选择图片

③ 以选择“图片库”选项为例，在下方的列表中选择一个喜欢的背景，如图1 - 3 所示，此时可以预览到图 1 - 4 所示的效果。

图 1－3　选择背景

图 1－4　“图片背景”的效果

④ 若想使用电脑中其他的图片作为壁纸，则可以单击“浏览”按钮，在弹出的菜单中选择一幅喜欢的图片，单击“打开”按钮。

⑤ 在对话框左下方的“图片位置”下拉菜单中可以选择壁纸以填充、适应、拉伸、平铺或居中等方式进行显示。

⑥ 若是喜欢纯色的背景，也可以在对话框左上方的“图片位置”下拉菜单中选择“纯色”命令，在下拉列表框中选择一种颜色，如图 1－5 所示，图 1－6 是设置单色后的效果。

图 1－5　纯色背景

图 1－6　“纯色背景”的效果

⑦ 设置完成后，单击“保存修改”按钮即可。

3. 任务栏操作

(1) 设置任务栏属性

在 Windows 7 系统中，任务栏是指位于桌面最下方的小长条，主要由开始菜单、快速启动栏、应用程序区、语言选项带和托盘区组成，而 Windows 7 系统的任务栏则有“显示桌面”功能。设置任务栏属性可以按照以下步骤操作。

① 在任务栏的空白处右击，在弹出的菜单中选择“属性”命令，弹出“任务栏和「开始」菜单属性”对话框。

② 选择“任务栏”选项卡，在该对话框中选定“自动隐藏任务栏”选项。

③ 单击“确定”按钮，观察当鼠标指针移到任务栏位置和离开该位置时任务栏的变化。

(2) 任务按钮栏

执行以下操作，并观察任务栏上的变化。

① 双击桌面上的“计算机”图标，打开资源管理器，然后访问“C:\Program Files”文件夹，观察任务栏中的变化。

② 保持前一窗口不关闭，双击桌面上的“计算机”图标，打开资源管理器，然后访问“C:\Windows”文件夹，观察任务栏中的变化。

③ 将光标置于任务栏中的资源管理器图标上，观察其变化。

④ 在 Windows Media Player 图标上右击，在弹出的菜单中选择“将此程序从任务栏解锁”命令，如图 1-7 所示，然后观察任务栏的变化。

图 1-7　将程序从任务栏解除

4. 窗口与对话窗口的操作

(1) 窗口基本操作

保持上面打开的窗口，执行以下操作。

① 在“计算机”标题栏上双击，观察窗口的变化；再次在标题栏上双击，观察窗口的变化。

② 将光标移动到“计算机”窗口的标题栏上，拖曳它可随意移动窗口到任何位置。

③ 单击最大化按钮、还原按钮、最小化按钮，观察窗口的变化。

④ 将鼠标指针移动到“计算机”窗口的左右边框上，当鼠标指针变为⟺状态时，左右拖曳鼠标，可以在水平方向上改变窗口的大小。

⑤ 将鼠标指针移动到“计算机”窗口的上下边框上，当鼠标指针变为⇕状态时，上下拖曳鼠标，可以在垂直方向上改变窗口的大小。

⑥ 将鼠标指针移动到“计算机”窗口的四个角上，当鼠标指针变为⤡或⤢状态时，拖曳鼠标，可以同时在水平和垂直方向上改变窗口的大小。

⑦ 单击窗口标题栏“关闭”按钮，可关闭窗口。

注：

1. 可以通过在“计算机”窗口的标题栏上右击，在弹出的菜单中选择最大化、还原、大小、移动、最小化、关闭命令对窗口进行操作。

2. 按 Alt+Space 键激活系统菜单，然后利用键盘上的上、下键及 Enter 键，选择最大化、还原、大小、移动、最小化、关闭命令对窗口进行操作。

实验 2　文件与文件夹管理

一、实验要求

1. 掌握资源管理器的操作和使用。
2. 掌握文件和文件夹的建立。
3. 掌握文件和文件夹的复制、移动、删除和重命名。
4. 掌握文件和文件夹属性的设置。
5. 掌握快捷方式的建立与使用。
6. 掌握检索文件、文件夹的方法。

二、实验步骤

1. 资源管理器的操作和使用

(1) 资源管理器的启动

Windows 7 操作系统可以通过以下几种方式打开资源管理器:

① 双击桌面上的“计算机”图标,即可打开“资源管理器”。

② 在“开始”按钮上单击鼠标右键,在弹出的快捷菜单中单击“打开 Windows 资源管理器”,即可打开“资源管理器”。

“资源管理器”打开后窗口分为左右两部分:左侧显示 “计算机”(“收藏夹”“库”)中的文件夹树,右侧窗口中显示活动文件夹中的文件夹和文件(如图 2-1 所示)。

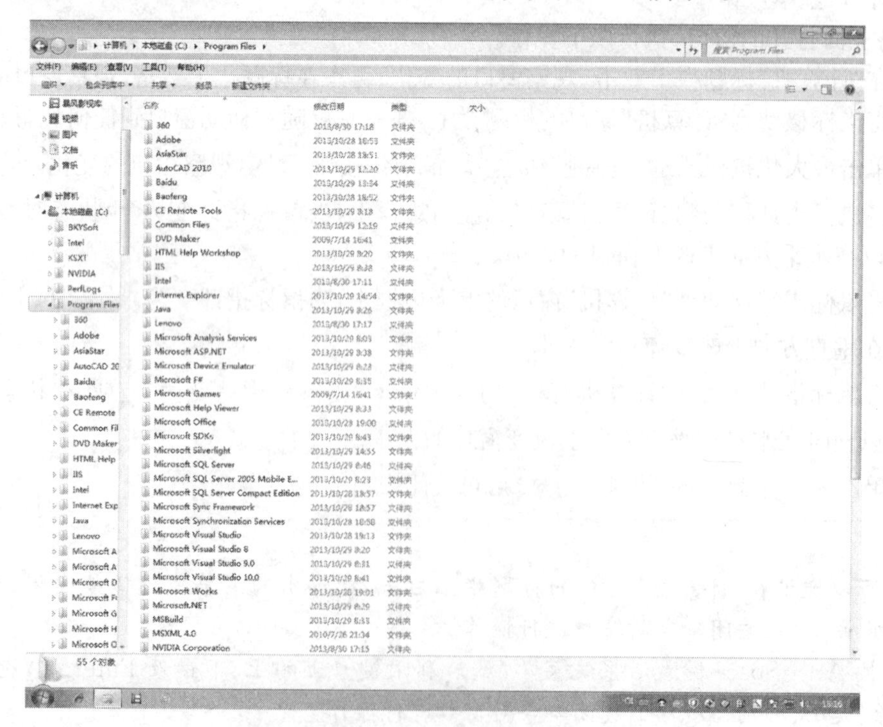

图 2-1　树形结构文件夹

注:资源管理器的关闭

方法一:最简单的关闭资源管理器的方法是单击“资源管理器”窗口标题栏右边的关闭按钮。

方法二:打开“资源管理器”的“文件”菜单,在下拉菜单中单击“关闭”即可。

方法三:同时按下 Alt+F4 组合键。

(2) 利用资源管理器浏览 D 盘的文件与文件夹结构

① 单击“资源管理器”左侧窗口中的“计算机”图标左方的“▶”图标,显示计算机中的所有盘符。

② 在展开的盘符中,单击“本地磁盘(D:)”,即可在右侧窗口浏览 D 盘内的文件和文件夹;或者,可以单击左侧窗口中的“本地磁盘(D:)”图标左方的“▶”图标,同样可以在左侧显示 D 盘内的所有文件夹。

注:

1. 文件夹树的展开和折叠

在“资源管理器”左窗口中文件夹的图标左方有“▶”或“◢”。若单击文件夹左方的“▶”符号,将展开文件夹,显示其下一层文件夹,此时左方的“▶”变成“◢”。若单击“◢”符号时,则将文件夹折叠,此时左方的“◢”变成“▶”。

2. 显示某一文件夹中的内容

在“资源管理器”左侧窗口的文件树中单击相应的文件夹,此时该文件夹便处于打开状态,在右窗口中将显示该文件夹中的所有内容。

3. 文件或文件夹显示方式的改变

单击“查看”菜单中的有关菜单项,可改变文件或文件夹的显示方式。点击“查看”菜单中的“大图标”“列表”“详细信息”“平铺”等菜单项,在资源管理器右窗口观察各操作的不同显示方式。

2. 文件和文件夹的建立

(1) 创建新文件夹

在 F 盘中创建一个名为 EX 的文件夹,执行以下操作:

① 选择新建文件夹存放的位置,即在资源管理器左侧窗口单击 F 盘。

② 打开“文件”菜单,指向“新建”命令(或在资源管理器右边窗口空白区域单击鼠标右击,在弹出的菜单中,指向“新建”命令)。

③ 在“新建”的子菜单中单击“文件夹”命令,此时在右侧窗口出现一个名为“新建文件夹”的新文件夹。

④ 输入一个新名称“EX”,然后按回车键或单击该方框外的任一位置,则新文件夹 EX 就建好了。

(2) 创建新文件

在之前新建的 EX 文件夹中创建一个名为 test1 的文本文件,执行以下操作:

① 打开 EX 文件夹。

② 打开“文件”菜单,指向“新建”命令(或在资源管理器右边窗口空白区域右击鼠标,在弹出的菜单中,指向“新建”命令)。

③ 在“新建”的子菜单中单击“文本文档”命令，此时在右侧窗口出现一个名为“新建文本文档”的新文档。

④ 输入新名称“test1”，然后按回车键或单击该方框外的任一位置，则新文本文档 test1 就建好了。

⑤ 用鼠标双击文档名 test1，打开该文档，在光标位置输入文档内容即可。

⑥ 单击“保存”按钮或文件菜单中的“保存”命名，将文档存盘。

⑦ 单击“关闭”按钮或文件菜单中的“退出”命令，退出记事本。

3. 快捷方式的建立

在 F 盘的根目录下建立 EX 文件夹的快捷方式，快捷方式的名称为 EX123。执行以下操作：

① 在资源管理器左侧窗口单击 F 盘驱动器图标。

② 打开“文件”菜单，指向“新建”命令（或在资源管理器右边窗口空白区域右击鼠标，在弹出的菜单中，指向“新建”命令）。

③ 在“新建”的子菜单中单击“快捷方式”命令，此时屏幕上出现一个“创建快捷方式”的对话框（如图 2－2 所示）。

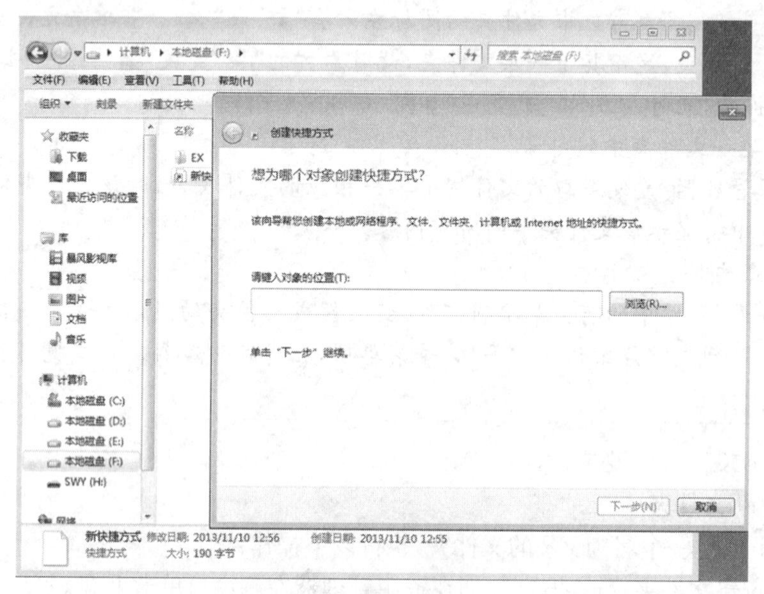

图 2－2 创建快捷方式

④ 在光标处输入需要创建快捷方式的对象名及其完整的路径或位置“F:\EX”，或者通过对话框上面的“浏览”按钮选择需要创建快捷方式的对象；然后按“回车键”或用鼠标单击“下一步”按钮；在对话框的光标处输入该快捷方式的名称“EX123”，再按“回车键”或用鼠标单击“完成”按钮，则文件夹 EX123 的快捷方式创建完毕。

注：

创建快捷方式，也可以在文件浏览窗口先选中一个文件或文件夹，然后单击鼠标右键，在弹出的对话框中，单击“创建快捷方式”命令，则在文件或文件夹所在当前位置处创建了该文件或文件夹的快捷方式。该创建的快捷方式具有缺省的名称，即与文件或文件夹名称相同。

通过同样方式，也可以在“开始”菜单中，选择“所有程序”，创建相应的程序快捷方式。

4. 文件、文件夹和快捷方式的复制

文件、文件夹和快捷方式的复制是 Windows 最常用的操作之一，在操作前首先应选中要复制的对象，然后再进行复制操作。

将 F 盘 EX1 文件夹中的所有文件复制到桌面。执行以下操作：

① 选择 F 盘中的 EX1 文件夹。

② 选择 EX1 文件夹中的所有文件。

注：文件、文件夹的选择

1. 选择单个文件或文件夹

使用鼠标单击该文件或文件夹的名字即可。

2. 选择连续的多个文件、文件夹

使用鼠标，先单击第一个文件，然后按住 Shift 键不放，再单击要选择的最后一个文件，则其间的所有文件(包括这两个文件)均被选中。

3. 选择非连续的多个文件、文件夹

如需选择不连续的文件，则按住 Ctrl 键不放，逐个单击需要选择的文件。

4. 选择右窗口中全部内容

在资源管理器的“编辑”菜单中，单击“全部选择”命令，可选择右侧窗口中所有内容(包括全部文件和文件夹)；或按 Ctrl+A 组合键，同样可以实现上述功能。

5. 取消选择

如果要取消对个别文件的选择，则按住 Ctrl 键不放，同时单击该文件即可；如果要取消对全部文件的选择，则单击非文件名的空白区域即可。

③ 将该文档(对象)复制到 Windows 的剪贴板上：单击鼠标右键，在弹出的菜单中，单击“复制”命令；或者，单击“编辑”菜单中的“复制”命令；或者，按 Ctrl+C 组合键。

④ 选择新的存放位置：回到桌面。

⑤ 在桌面，“粘贴”该文档，则所选中的文档被复制到桌面上：在桌面空白区域单击鼠标右键，在弹出的菜单中，单击“粘贴”命令；或者，单击“编辑”菜单中的“粘贴”命令；或者，按 Ctrl+V 组合键。

注：

1. 复制文件也可通过鼠标的拖动进行。方法是先选中需复制的文件，然后按住 Ctrl 键，同时按住鼠标左键并拖动至目标文件夹后释放鼠标，则该文件被复制到目标文件夹中，在不同的磁盘间复制时，可不按 Ctrl 键。

2. 文件、文件夹与快捷方式的复制方法相同。

5. 文件、文件夹和快捷方式的移动

将 F 盘 EX1 文件夹中的 test2.txt 文件移动到 D 盘，执行如下操作：

① 选择 F 盘中的 EX1 文件夹中的 test2.txt 文件。

② 将该文档(对象)复制到 Windows 的剪贴板上：单击鼠标右键，在弹出的菜单中，单击“剪切”命令；或者，单击“编辑”菜单中的“剪切”命令；或者，按 Ctrl+X 组合键。

③ 选择新的存放位置 D 盘。

④ 在新的存放位置，“粘贴”该文档，则 test2.txt 文件就被移动到 D 盘中：在桌面空白区

域单击鼠标右键，在弹出的菜单中，单击“粘贴”命令；或者，单击“编辑”菜单中的“粘贴”命令；或者，按 Ctrl+V 组合键。

注：

1. 移动文件也可通过鼠标的左键拖动进行。方法是先选中需移动的文件，然后按住 Shift 键，同时按住鼠标左键并拖动至目标文件夹后释放鼠标，则该文件被移动到目标文件夹中。在同一磁盘中移动时，可不按 Shift 键。

2. 文件、文件夹与快捷方式的移动方法相同。

3. 复制与移动的区别是，“移动”指文件或文件夹从原来位置上消失，出现在新的位置上。“复制”指原来位置上的文件或文件夹仍保留，在新的位置上建立原来文件或文件夹的复制品。

4. 移动、复制、创建快捷方式操作也可通过鼠标右键拖动实现。

6. 文件、文件夹和快捷方式的删除

(1) 将 F 盘 EX1 文件夹中的名为 test3.doc 的文件删除，执行如下操作：

① 选择 F 盘中的 EX1 文件夹中的 test3.doc 文件。

② 单击鼠标右键，在弹出的菜单中，单击“删除”命令；或者，单击“文件”菜单中的“删除”命令；或者，按 Delete 键，出现确认删除对话框。

③ 单击“是”按钮或按回车键，表示执行删除；单击“否”按钮或按 Esc 键，表示取消删除。

(2) 文件夹、快捷方式的删除步骤同(1)。

7. 文件、文件夹和快捷方式的重命名

将 F 盘 EX1 文件夹中的名为 ABC.docx 的文件重命名为 XYZ.docx，执行如下操作：

① 在资源管理器左侧窗口单击 F 盘 EX1 文件夹。

② 在资源管理器右侧窗口右击文件 ABC.docx，选择快捷菜单中的“重命名”命令，此时文件名“ABC.docx”呈反白显示，从而键入新文件名“XYZ.docx”，按回车即可。

注：

1. 正在使用的文件不能重命名。

2. 文件、文件夹与快捷方式的重命名方法相同。

3. 在需要重命名的位置，两次单击鼠标左键后输入新文件名，再按回车，也可实现重命名。

4. Windows 系统规定文件(文件夹)名最多可以包含 255 个字符(包括空格)，但文件名不能含有以下字符：“\/ : * ?”<>|”。

8. 文件、文件夹和快捷方式属性的修改

在 Windows 7 系统中，文件、文件夹和快捷方式通常有“只读”“隐藏”和“存档”等属性，用户可以在资源管理器中修改其属性。

将 F 盘 EX1 文件夹中的 test1.docx 文件的属性设置为“只读”，执行如下操作：

① 选择要改变属性的文件。

② 单击鼠标右键，在弹出的菜单中，单击“属性”命令；或单击“文件”菜单中的“属性”命令，此时，出现该对象的属性对话框。

③ 用鼠标单击“只读”属性前的方格，使其出现“■”。

注：

显示隐藏的文件或文件夹，可在“资源管理器”中单击“工具”菜单，然后单击“文件夹选项”，选择“查看”选项卡中的“显示隐藏的文件、文件夹和驱动器”。如果想看见所有文件的扩展名，则取消“隐藏已知文件类型的扩展名”复选框。

9. 文件和文件夹的查找

在使用计算机的过程中，常常需要在磁盘中查找某个文件或查找具有某种特征的一类文件。在 Windows 7 操作系统中，可通过在“资源管理器”中工具栏的“搜索框”输入要搜索的文件名或文件夹名来进行在指定位置处文件或文件夹的查找(如图 2 - 3 右方位置所示)。

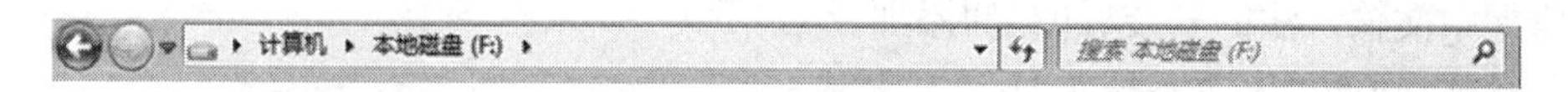

图 2 - 3 搜索框

例：查找 F 盘中文件名为“test1”的文件。

执行如下操作：

打开“资源管理器”，在左侧窗口单击 F 盘，在工具栏的“搜索框”中输入“test1”后，出现如图 2 - 4 所示 F 盘内所有名为“test1”的文件和文件夹。

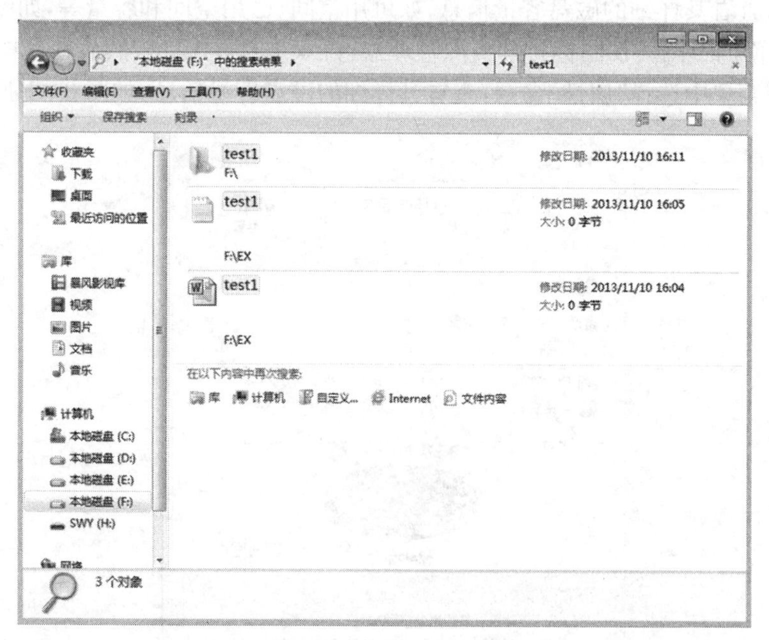

图 2 - 4 搜索“test1”文件

注：包含指定文字或字母的搜索

当需要查找的文件和文件夹名包含指定文字或字母时，可以使用通配符“?”和“ * ”来帮助搜索。“?” 表示一个任意字符(只限一个)，“ * ”表示任意多个字符(不限个数)。例如，“H * H”就可以表示“HABCH”，也可以表示“HABC89H”等；“C?C”可表示“COC”或“CIC”等，但不能表示“COIC”。同时，通配符“ * ”也可代表任意文件类型。

实验 3　操作系统的管理与维护

一、实验要求

1. 掌握磁盘属性的查看、设置等操作。
2. 掌握磁盘格式化的方法。
3. 掌握查询程序的方法。
4. 掌握中文输入法的安装、卸载和添加。
5. 了解软、硬件的基本系统工具。

二、实验步骤

1. 磁盘的基本操作

(1) 查看磁盘空间

① 双击桌面的“计算机”图标打开资源管理器，在 C 盘的名称上右击，在弹出的菜单中选择“属性”命令，查看其详细的磁盘容量信息，如可用空间、已用空间和容量等，如图 3－1 所示。

② 双击桌面的“计算机”图标打开资源管理器，再双击打开 C 盘，然后在其中的空白位置右击，在弹出的菜单中选择“属性”命令，查看其详细的磁盘容量信息，如图 3－1 所示。

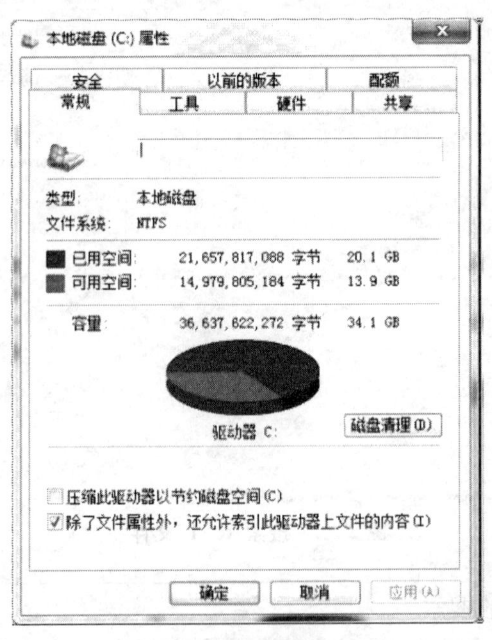

图 3－1　“磁盘属性”对话框

(2) 磁盘清理

磁盘清理程序能查找并删除不再需要的文件，以增加磁盘的可用空间，同时还可以在一定程度上提高系统的运行速度。

要进行磁盘清理，可以按照以下方法操作：

① 选择“开始”中的“所有程序”，选择“附件”中的“系统工具”，在展开的“系统工具”中选择“磁盘清理”命令。

② 在弹出的对话框中选择要清理的磁盘，如图 3－2 所示。

③ 单击“确定”按钮，在弹出的对话框中选择要删除的文件，如图 3－3 所示。

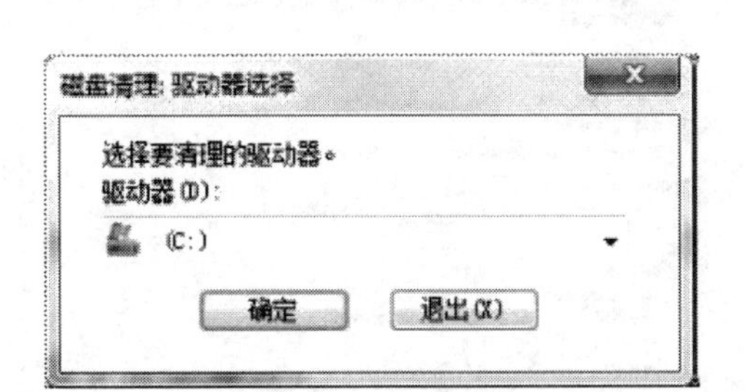

图 3－2 “磁盘清理”的驱动器选择

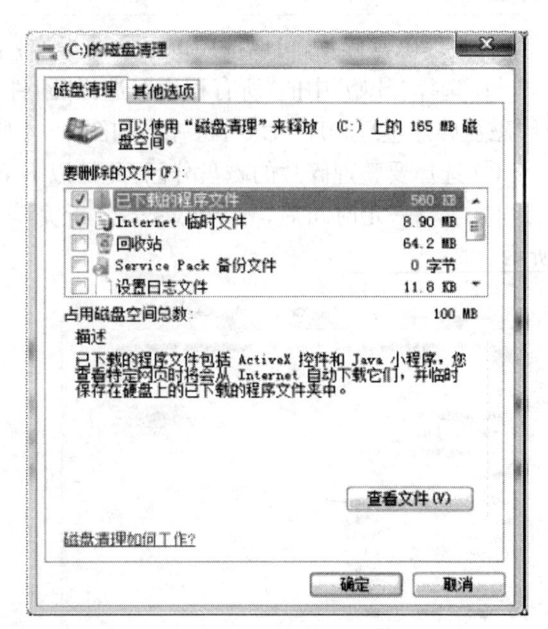

图 3－3 执行“磁盘清理”

④ 确认删除的文件后，单击“确定”按钮即可开始清理。

如果想要增加磁盘上的可用空间数量，还可以使用以下几种方法：

① 清空回收站，以释放磁盘空间。

② 将很少使用的文件制作成压缩包，然后从硬盘上将原文件删除。

③ 将不再使用的程序和组件删除。

(3) 磁盘碎片整理

磁盘在保存文件时，可能会将文件分散保存到整个磁盘的不同地方，而不是保存在磁盘连续的簇中，因此就可能会产生碎片，以下是一些典型的、容易产生碎片的情况。

① 由于文件保存在磁盘的不同位置上，当执行剪切、删除文件后，会空出相应的磁盘空间，但若此时拷贝下较大的文件，导致这个空出来的小空间不足以放下这个大文件，那么就会将其拆分为多个部分，分别记录在磁盘的轨道上，这样就容易产生磁盘碎片。

② 在系统运行过程中，Windows 7 系统可能会自动调用虚拟内存来同步管理程序，导致各个程序对硬盘频繁读写，从而产生磁盘碎片。

③ IE 的缓存会在上网时产生很多临时文件，以保证查看网页内容的流畅性，此时也容易产生碎片文件。

由于大量文件碎片的存在，存储和读取碎片文件将会花费较长的时间，因此我们需要用磁盘碎片整理程序对零散、杂乱的文件碎片进行整理。磁盘容量越大，则整理时花费的时间也越长，但是整理工作完成后，将会在很大程度上提高电脑的运行速度。

注：

由于整理碎片时会连续执行大量的硬盘数据读取操作，因此对硬盘寿命来说会有一定的损害，但只要不频繁整理就可以，而且少量的碎片对系统的整体性能影响也不大，建议每月整理2～3次即可。

要整理磁盘碎片，可以按照以下方法操作：

① 选择“开始”中的“所有程序”，选择“附件”中的“系统工具”，在展开的“系统工具”中选择“磁盘碎片整理程序”命令，将弹出如图3－4所示的对话框。

② 选择要整理碎片的磁盘分区，此处以F盘作为示例，然后单击“分析”按钮。

③ 等待一定时间后，Windows 7分析完毕，将在F盘后面显示碎片的数量，如图3－5所示。

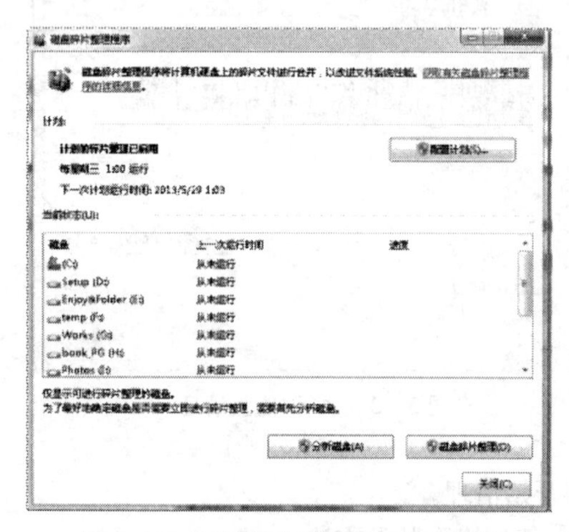

图3－4 “磁盘碎片整理程序”对话框

图3－5 “碎片整理”的结果

④ 单击“磁盘碎片整理”按钮，将重新进行碎片分析，然后开始整理碎片，如图3－6所示。

⑤ 若单击“配置计划”按钮，在弹出的对话框中，可以设置一个自动进行碎片整理的计划，如图3－7所示。

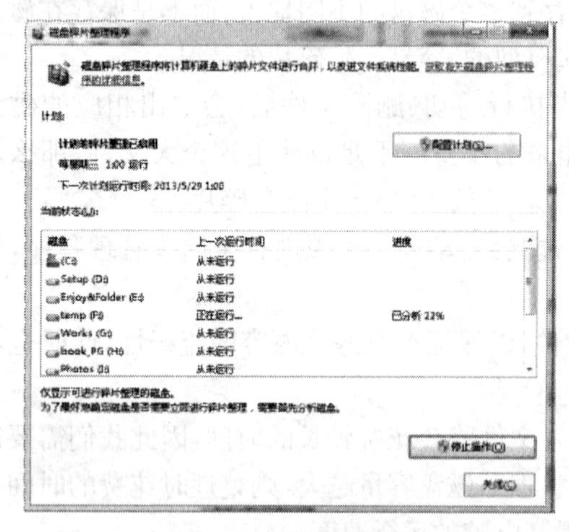

图3－6 重新整理碎片

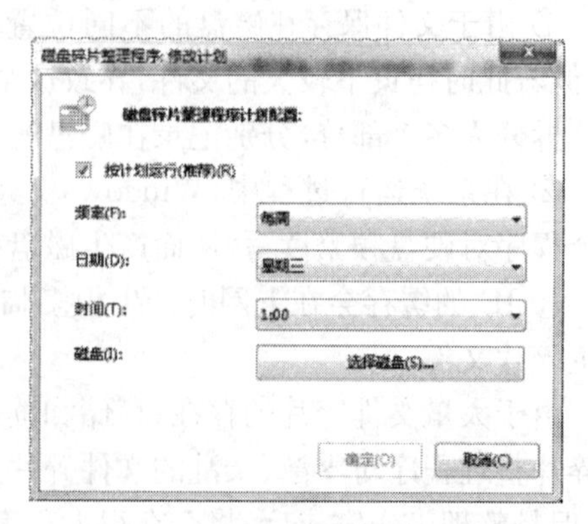

图3－7 “碎片整理计划”的修改

2. 磁盘格式化

格式化就是把一张空白的盘划分成一个个小区域并编号，供计算机储存、读取数据。未经过格式化的磁盘不能存储文件，必须将其格式化后才可以用。

例：将 U 盘进行格式化，执行如下操作：

① 将要格式化的 U 盘插进主机 USB 接口中。

② 在“资源管理器”窗口中用鼠标右键单击要进行格式化的 U 盘的盘符（这里假定盘符为 H）。

③ 选择“格式化”命令，屏幕出现对话框，如图 3－8 所示。

④ 单击“开始”，会弹出格式化警告对话框，提示用户是否需要格式化，一旦格式化，会把盘内所有数据完全清空。（可以给 U 盘定义名称，只要在对话框的卷标处输入所需名称即可）

⑤ 单击“确定”后，开始进行格式化，随后出现格式化完毕对话框，如图 3－9 所示。最后，点击“确定”，完成对 U 盘的格式化。

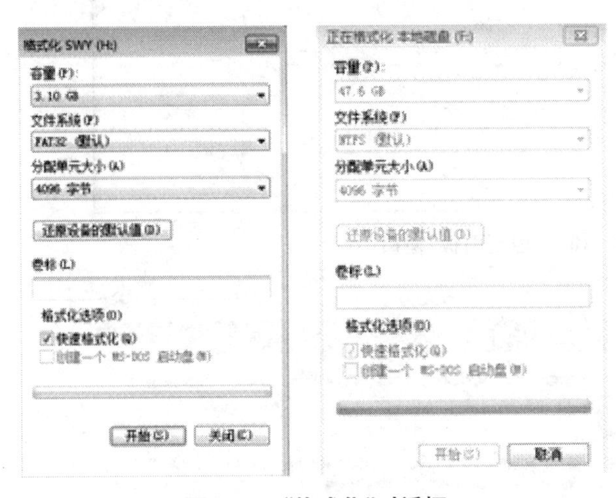

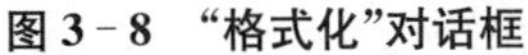
图 3－8　“格式化”对话框

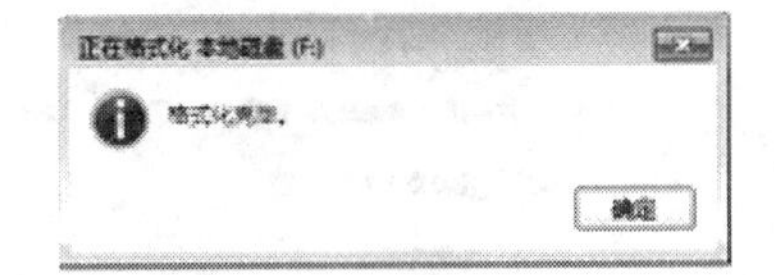

图 3－9　“格式化”完毕

注：

计算机有“快速”或“全面”格式化磁盘 2 种方式。选用“快速”方式格式化磁盘，速度较快，但电脑不会检查磁盘上是否有损坏的地方；选用“全面”方式格式化磁盘时，电脑会检查并标注出磁盘上损坏的情况。计算机默认的是“快速”方式格式化磁盘。

3. 程序查询

查询程序所处计算机中的位置，步骤同实验 2 中的文件和文件夹查询（略）。

可以在控制面板中查询计算机安装的所有程序，执行如下操作。

① 单击“开始”按钮，在弹出的菜单中选择“控制面板”，弹出“控制面板”窗口，如图 3－10 所示。

② 在“控制面板”窗口中单击“程序”文字按钮，打开如图 3－11 的窗口。在此窗口中选择“程序和功能”文字按钮，即可打开如图 3－12 的窗口。在这个窗口中可以查看计算机中已安装的所有程序，也可以进行卸载或更改程序。

图 3－10 “控制面板”窗口

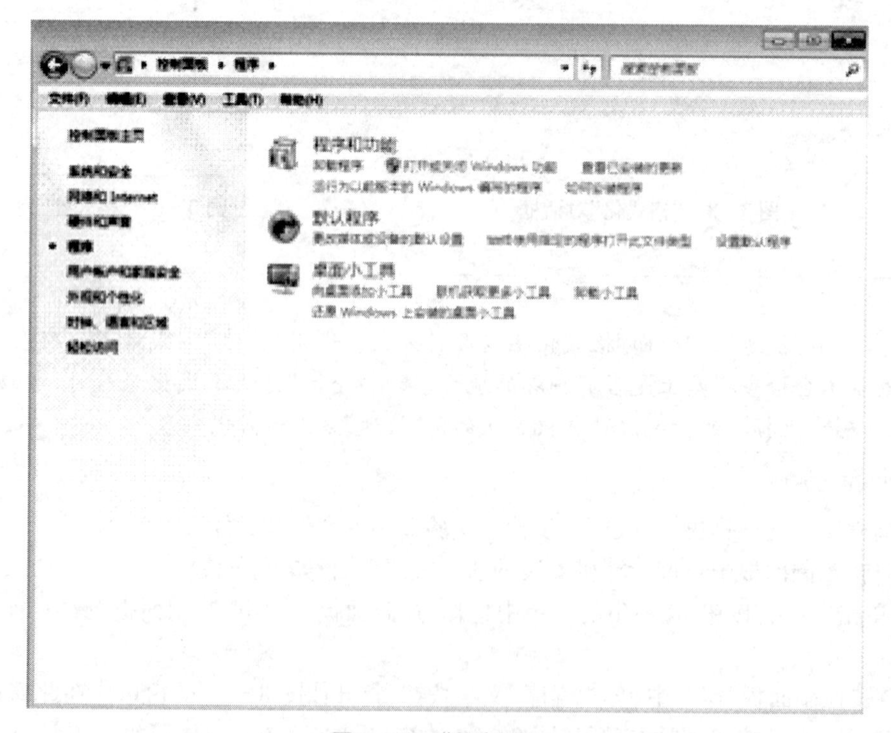

图 3－11 “程序”窗口

图 3 - 12　“程序和功能”窗口

4. 添加字体

Windows 7 操作系统中虽然自带了一些字体，但往往无法满足更多、更专业的排版及设计需求，此时可以添加并使用其他的字体。

例：把字库添加到计算机中，执行如下操作。

① 打开“控制面板”窗口，选择“外观和个性化”文字按钮，打开如图 3 - 13 所示的窗口。

图 3 - 13　“外观和个性化”窗口

② 在图 3－13 窗口中单击“字体”文字按钮，打开如图 3－14 的窗口。此窗口中显示了计算机中已有的字体。

③ 复制素材中的“字体”文件夹中所有字体，在图 3－14 显示的所有字体的任何空白处粘贴。

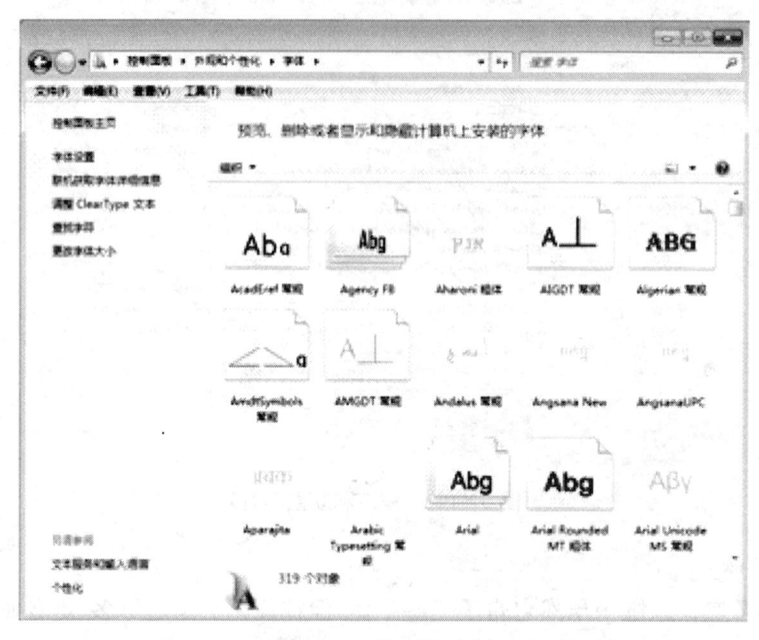

图 3－14 “字体”窗口

④ 添加的字体可以在 Word 2016 程序中查看。打开 Word 2016 程序，单击“开始”选项卡，在“字体”功能区中选择字体，如图 3－15 所示。在 Word 文档里可以使用新添加的字体。

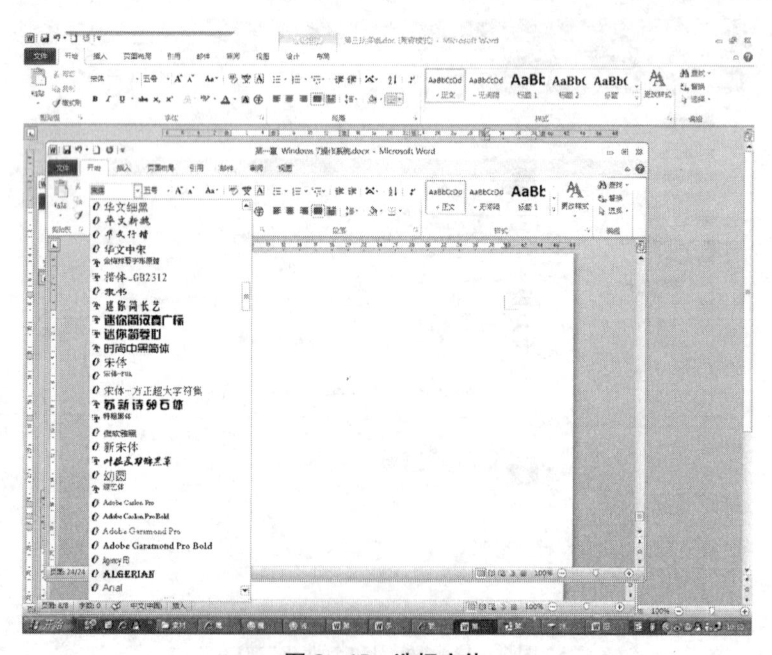

图 3－15 选择字体

5. 中文输入法的安装

例:安装“QQ 五笔输入法”程序,执行如下操作。

双击素材文件中的“QQ 五笔输入法.exe”文件,运行安装向导,然后根据提示,单击“下一步”按钮并适当设置一下安装的位置、是否安装插件等,直至完成即可。

6. 添加输入法

对于非系统自带的输入法,如 QQ 拼音、搜狗拼音、极点五笔等,在安装完成后,即出现在语言栏中,而无须手工添加。

如果是要重新添加被删除的输入法,或添加系统自带的输入法,则可以按照以下方法操作。

① 打开“控制面板”窗口,单击“更改显示语言”文字按钮,弹出“区域和语言”对话框,在对话框中选择“键盘和语言”选项卡,单击其中的“更改键盘”按钮;或者在语言栏的输入法图标上右击,在弹出的菜单中选择“设置”命令,如图 3-16 所示。

② 弹出如图 3-17 所示的对话框。

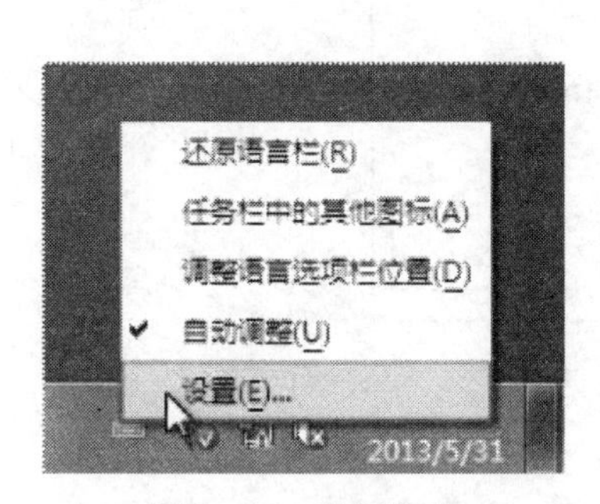

图 3-16　设置语言

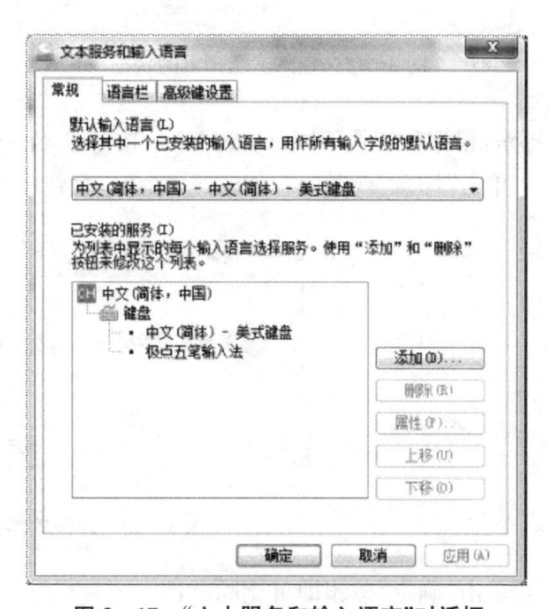

图 3-17　“文本服务和输入语言”对话框

③ 单击“添加”按钮,在弹出的对话框中可以选择一个要添加的输入法。

④ 单击“确定”按钮,返回“文本服务和输入语言”对话框,上一步所选的输入法将显示在其中。图 3-18 所示是选中了“中文(简体)-微软拼音 ABC 输入风格”和“中文(简体)-微软拼音新体验输入风格”2 个选项后的状态。

⑤ 单击“确定”按钮退出对话框,此时语言栏中将显示所添加的输入法,如图 3-19 所示。

7. 卸载程序

要卸载一个应用软件,可以在“控制面板”中完成,其操作方法如下。

① 单击“控制面板”窗口中的“程序”文字按钮,在此窗口中单击“程序和功能”文字按钮,以打开其对话框。

② 在列表中要删除的程序上右击,在弹出的菜单中选择“卸载/ 更改”命令。

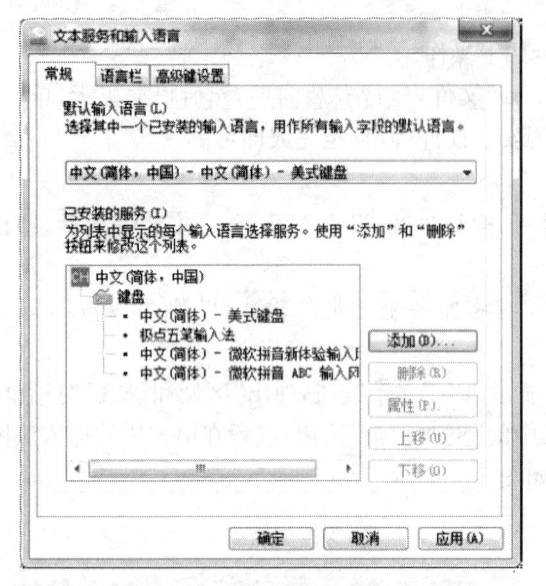

图 3-18　输入法选择后的状态

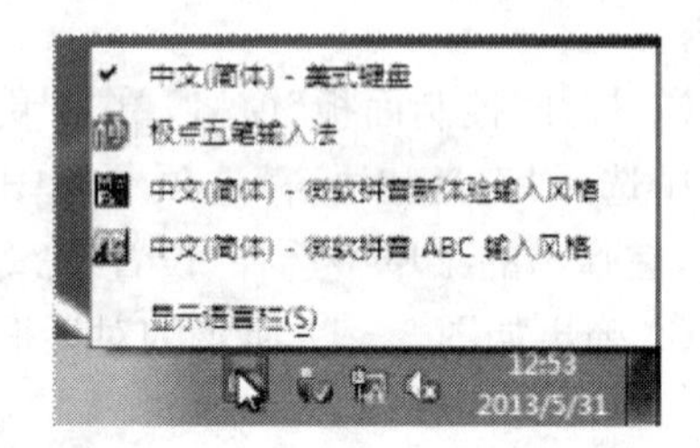

图 3-19　添加输入法后的效果

提示:根据程序的不同,此处显示的按钮也不一样,也有可能显示的是“卸载”按钮。

③ 单击“卸载”或“卸载/ 更改”命令后,会弹出类似如图 3-20 所示的对话框。

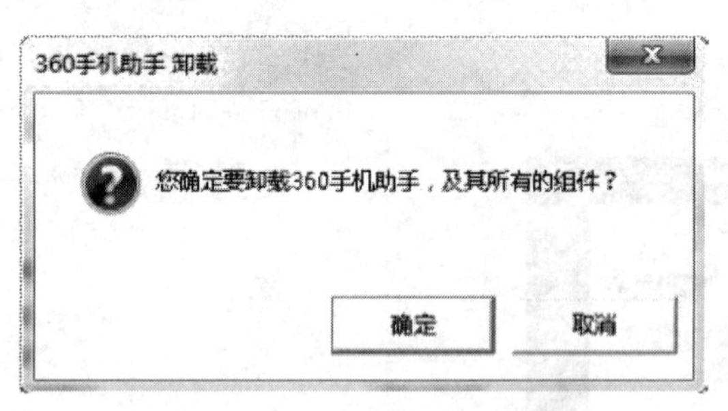

图 3-20　卸载软件的对话框

④ 单击“确定”按钮即可删除软件。

注:

利用上述删除程序的方法有时并不能做到完全删除,如在桌面上建立的程序快捷方式,在执行删除程序操作后,其快捷方式不会被删除,这就需要手动进行删除了。另外,有些软件在删除后,其文件夹依然存在,其中保存了一些用该程序创建的文件或文件夹,要删除这些文件也必须用手动的方式完成。

提示:在删除程序过程中,有时会出现是否删除与某些程序的共享部分的询问,如无把握,最好选择“否”。

第二章　文字处理软件 Word 2016

文字处理软件应用非常广泛，可以用来编写文稿、起草会议通知、输入高级语言源代码等。文字处理软件一般具有文字的录入、存储、编辑、排版、打印等功能。Word 2016 提供了世界上最出色的文字处理功能，涵括了 Word 其他版本所有的如下功能，并进行了改进：

（1）编辑功能

Word 2016 具有增、删、改等编辑功能，还提供了自动检查、更正文档中拼写和语法错误、编号自动套用、查找替换等功能。此外，Word 2016 进行了改进，增加了“操作说明搜索”框，可以在这里进行输入需要执行的功能或者操作，可以快速显示该功能，让用户检索图片、参考文献和术语解释等网络资源。

（2）处理多种对象的能力

Word 2016 可以处理文字、图形、图片、表格、数学公式、艺术字等多种对象，生成图文并茂的文档形式。Word 2016 较以往版本的 Word 软件进行了改进，可以实现实时的多人合作编辑，合作编辑过程中，每个人输入的内容能够实时地显示出来。Word 2016 可以打开并编辑 PDF 文档，快速放入并观看联机视频而不需要离开文档，以及可以在不受干扰的情况下在任意屏幕上使用阅读模式观看。

（3）版面设计

Word 2016 可对文字、段落、页眉页脚、图片、图形等多种对象进行格式设置，提供了页面视图、阅读版式视图、web 版式视图、大纲视图等多种视图方式，可以从不同角度查看、编辑、排版文档的内容和格式。Word 2016 默认字体是“等线”，用户使用过程中需要注意。

（4）其他高级功能

Word 2016 开始全面扁平化，尤其是在选项设置里，按钮和复选框都已彻底扁平。Word 2016 提供了“墨迹公式”，可以进行手动输入复杂的数学公式，如果有触摸设备，则可以使用手指或者触摸笔手动写入数学公式，Word 2016 会将它转换为文本，并且还可以在进行过程中擦除、选择以及更正所写入的内容。

本单元通过“编辑排版文档”“制作电子板报”“设计、应用表格”“Word 高级应用”四个实验，介绍了 Word 的页面设置、分栏、字符和段落格式设置、图文混排、表格设计和应用、自动生成目录等功能，旨在提高读者对 Word 软件的综合应用水平。

实验 4　编辑排版文档

一、实验要求

1. 掌握文档合并的方法。
2. 掌握页面设置。
3. 掌握文字、段落的排版。
4. 掌握查找与替换。
5. 掌握项目符号、编号。
6. 掌握页眉、页脚、页码等设置。

二、实验步骤

外部存储器

样张

实验准备：打开实验 4 文件夹中的素材“word1.docx”和“word2.docx”文件。

1. 合并两份文件

新建 Word 文档，合并 word1.docx 和 word2.docx 两个文档，并保存为“外部存储器.docx”。将段落“硬盘的容量有 320GB、500GB、750GB、1TB、2TB、3TB 等。”移至第 5 段之后(段落合并)。

(1) 新建文件

启动 Word 2016，将自动创建一个空白文件，默认文件名为“文档 1.docx”。

(2) 合并两份文件

① 选中“word1.docx”中的文本，右击选择复制，将内容粘贴到“文档 1.docx”中。

② 复制“word2.docx”中的文本，将内容粘贴到“文档 1.docx”中已有文本内容之后。

(3) 文件保存

在“文件”选项卡中，单击“另存为”，在弹出的对话框中设置保存路径为“本地磁盘(F:)”，文件名为“外部存储器”，保存类型为“word 文档(* .docx)”，设置完成后，单击“保存”按钮即可。

(4) 段落位置调整

选择段落“硬盘的容量有 320GB、500GB、750GB、1TB、2TB、3TB 等。”，右击剪切，光标移至第 5 段最后“……每个扇区的字节数 B。”，进行粘贴，并删除多余空行。

注：

新建文件其他方法：可以在“文件”选项卡的下拉列表中选择“新建”，单击“空白文档”。

掌握全选、复制、粘贴、剪切的组合键。

2. 页面设置

将页面设置为：16K(184×260 mm)纸，上、下页边距为 2.5 厘米，左、右页边距为 2 厘米，装订线位置为上，每页 40 行，每行 42 个字符。

① 打开素材，切换至“布局”选项卡。

② 单击“纸张大小”按钮，在弹出的下拉列表中选择“其他纸张大小”命令，弹出如图 4－1 所示的页面设置对话框，设置“纸张大小为 16K(184×260 mm)”。

③ 在“页边距”标签页中，设置上、下页边距为 2.5 厘米，左、右页边距为 2 厘米，如图 4－2 所示。在“文档网格”标签页中，选定“指定行和字符网格”，设置每页行数 40，每行字符 42，单击“确定”按钮退出对话框，如图 4－3 所示。

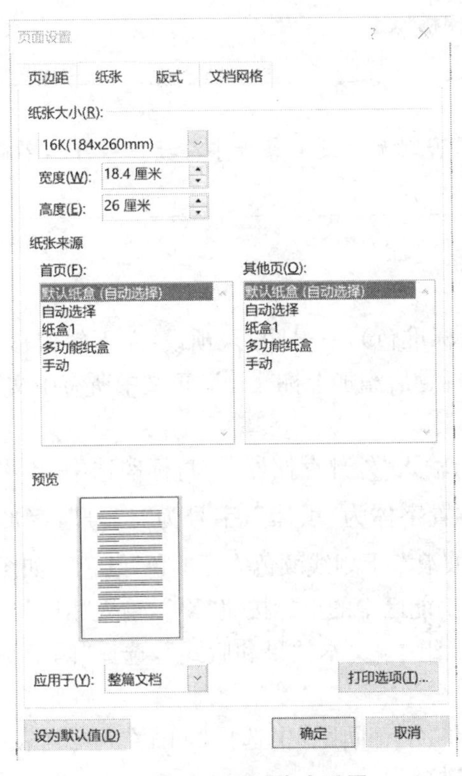

图 4－1 “纸张”大小设置

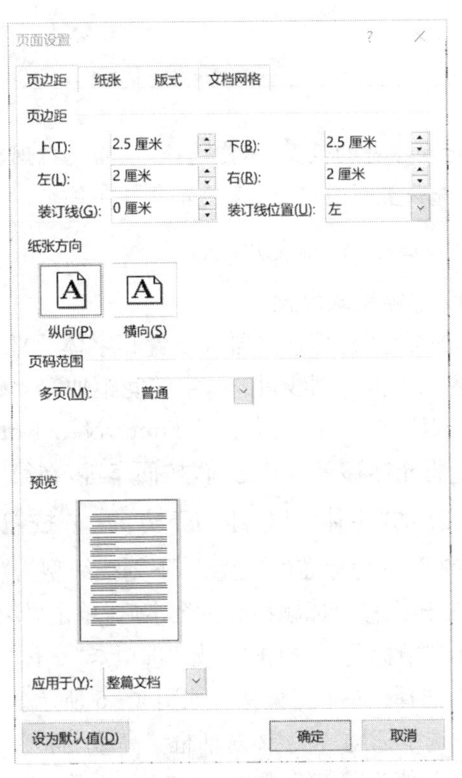

图 4－2 “页边距”设置

注：

页边距的编辑可以直接单击"页边距"选项卡进行设置。页边距的单位默认为"厘米"，如要改为"磅"则需进入"自定义快速访问工具栏"→"其他命令"→"高级"→"显示"→"度量单位"→"磅"。

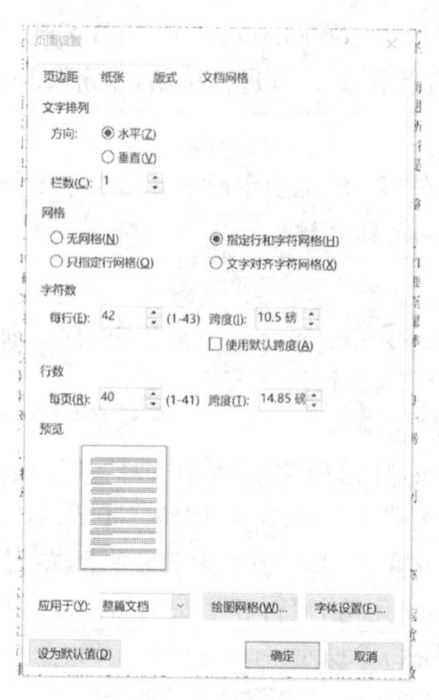

图 4-3 "文档网格"设置

注：

行和字符的设置，不能选择"只指定行网格"，否则无法设置每行字符数。另行和字符的编辑，先设置每页行数，再设置每行字符数。

3. 设置字体、段落格式

(1) 字体格式设置

添加标题"外部存储器"，设置其字体为蓝色(标准色)，三号阴影(预设：左下斜偏移)，黑体，红色双波浪下划线，加粗，字符间距加宽 4 磅；标题后添加上标"[1]"；正文中所有中文字体为五号宋体，西文文字为五号"Times New Roman"。

① 将光标移至"随"之前，按回车键，在第一行输入"外部存储器"。将标题选中，单击"开始"选项卡的"字体"功能组右下方的 按钮，设置字体为"黑体"，字号为"三号"，字形"加粗"，字体颜色为标准色"蓝色"，下划线线型为"双波浪"，下划线颜色为标准色"红色"，如图 4-4 所示。光标移至标题最后一个字后，单击"字体"功能区中的上标按钮"X^2"，输入"[1]"。

② 选中标题行，单击"开始"选项卡"字体"功能组中"文本效果和版式"，选择"阴影"中的"外部"，选择 "左下斜偏移"，如图 4-5 所示。

③ 选中标题，在字体对话框 "高级"标签中，在"字符间距"中选择"间距"下拉列表中的"加宽"，磅值为"4 磅"，如图 4-6 所示，单击"确定"按钮。

④ 选择正文，打开"字体"对话框，在"中文字体"中选择"宋体"，在"西文字体"中选择

“Times New Roman”,“字号”设置为“五号”,如图 4－7 所示,单击“确定”按钮。

(2) 段落格式设置

设置标题居中,段前段后间距 0.8 行;正文首行缩进 2 个字符,行间距为固定值 18 磅;正文第 4 段至第 7 段(内部结构:……即转/分钟。)左右各缩进 2 字符;正文倒数第 1 段和倒数第 2 段(光盘容量:……40 倍速甚至更高。)设置悬挂缩进 2 字符。

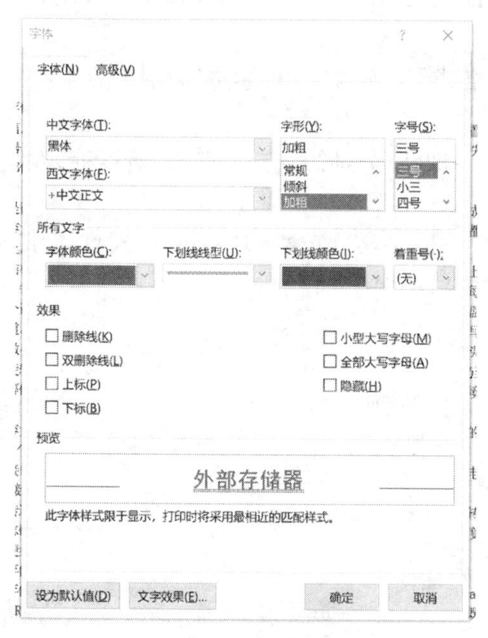

图 4－4　“字体”设置

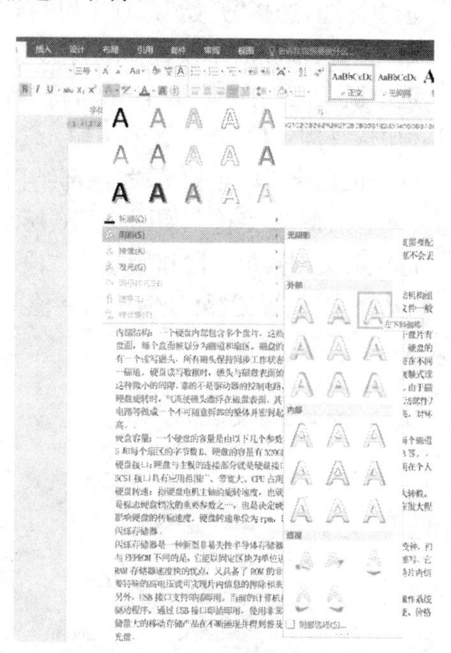

图 4－5　“文本效果格式”设置

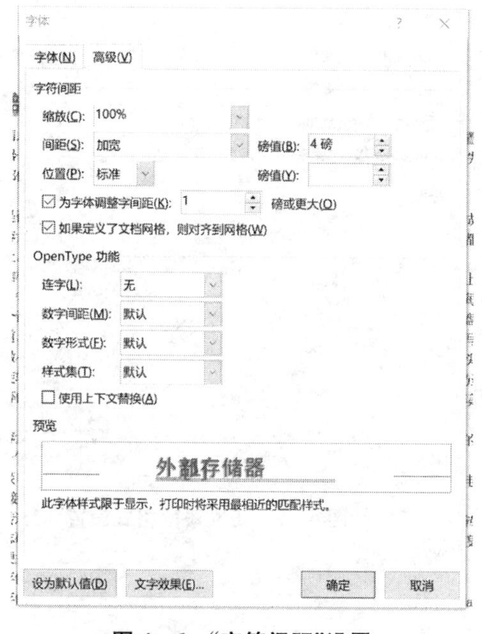

图 4－6　“字符间距”设置

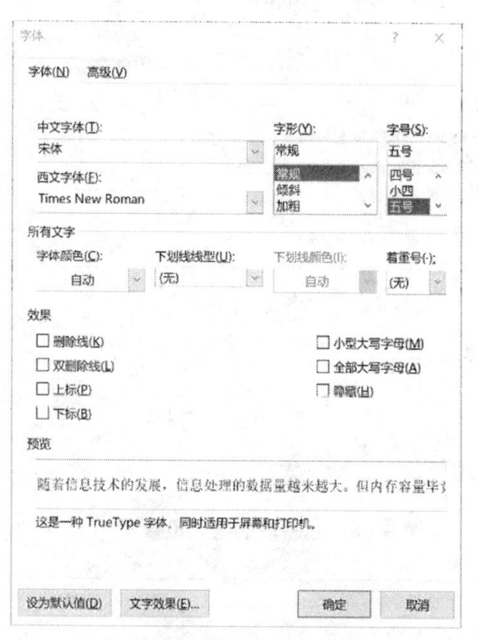

图 4－7　中西文不同字体设置

> **注：**
>
> 字体的设置还有其他方法：
>
> (1) 选中字符，右击选择“字体”进行字号、字体、颜色等设置。
>
> (2) 单击“开始”选项卡“字体”功能组中的字体、字号、颜色按钮进行设置。

① 选中标题，选择“开始”选项卡“段落”功能组，弹出如图 4－8 所示对话框，在对齐方式中选择“居中”，段前段后中设置“0.8 行”。

② 选中正文，右击中选择“段落”，将“特殊格式”设置为“首行缩进”，磅值“2 字符”，行距下拉列表中选择固定值，在设置值中输入 18 磅，如图 4－9 所示。

③ 选择正文第 4 段至第 7 段(内部结构：……即转/分钟。)，打开“段落”对话框，在“缩进”处设置左侧和右侧“2 字符”，如图 4－10 所示。

④ 选择正文倒数第 1 段和倒数第 2 段(光盘容量：……40 倍速甚至更高。)，打开“段落”对话框，“特殊格式”设置为“悬挂缩进”，磅值“2 字符”，如图 4－11 所示。

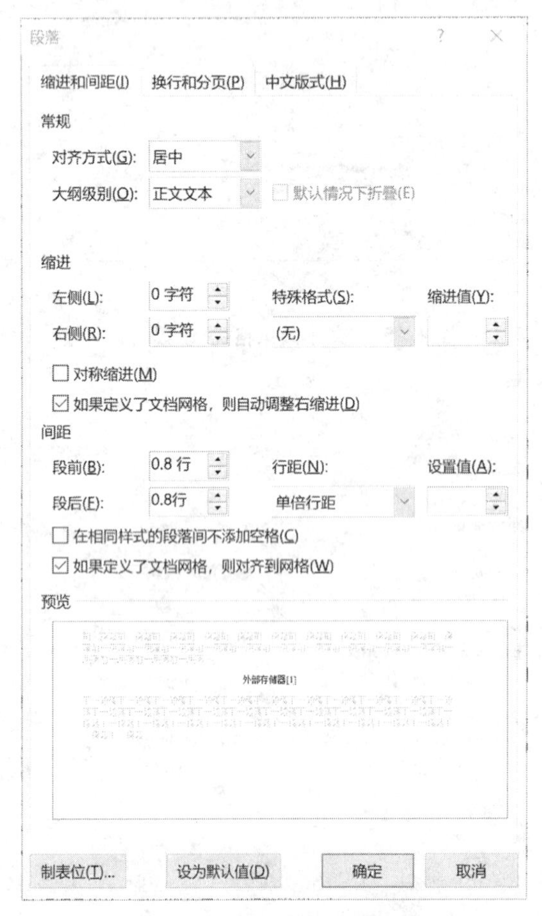

图 4－8　标题段落格式设置

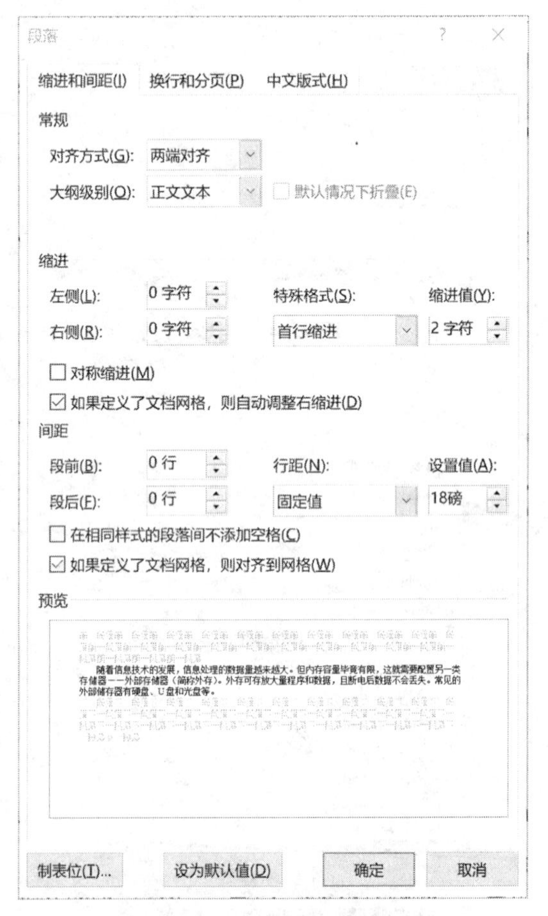

图 4－9　正文段落格式设置

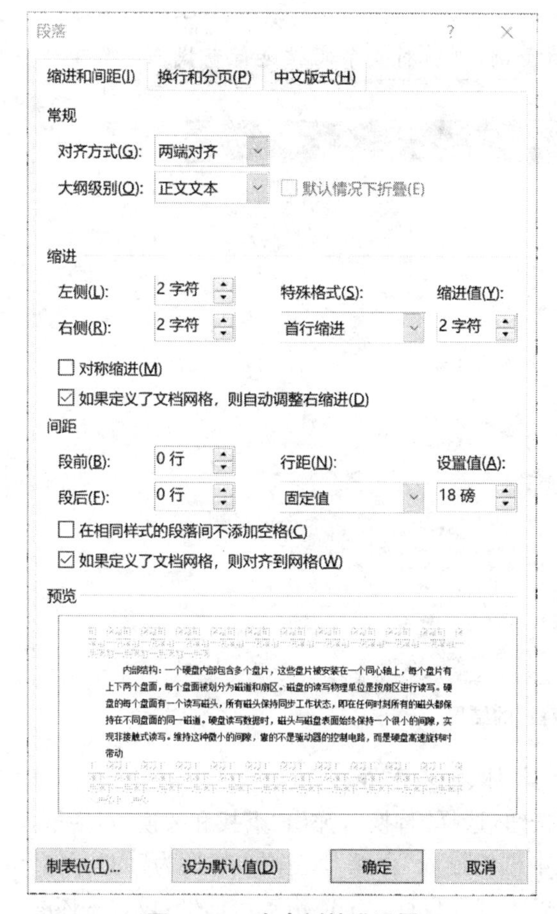

图 4-10　左右侧缩进设置

图 4-11　悬挂缩进设置

注：

1. 注意“首行缩进”“缩进左右侧”和“悬挂缩进”的不同。

2. 行距也可以使用 N 倍行距作为单位进行设置，下拉列表中可选择单倍行距、1.5 倍行距、2 倍行距。单击多倍行距，在设置值中可以设置其他数值。

3. 在进行字体或段落格式设置时，可使用格式刷，将现有字符或段落的格式复制到别的字符或段落。

使用方法：选定包含需要复制格式的字符或段落→选择格式刷按钮使鼠标指针变为刷状→拖动鼠标选中需要复制格式的字符或段落。

4. 查找与替换

(1) 查找正文中的“读写”两字

单击“开始”选项卡中功能组最右侧的“查找”按钮 查找（或者使用快捷键 Ctrl+F），此时左侧显示“导航”面板，在顶部的文本框中输入“读写”，即可自动在文档中进行查找，并将查找结果用橙色底进行标注，出现如图 4-12 所示效果。单击上一处/下一处搜索结果按钮，可以在各个查找结果上切换。

注：

查找要选择所查找的范围，如果不选择查找范围，则将对整个文档进行查找。

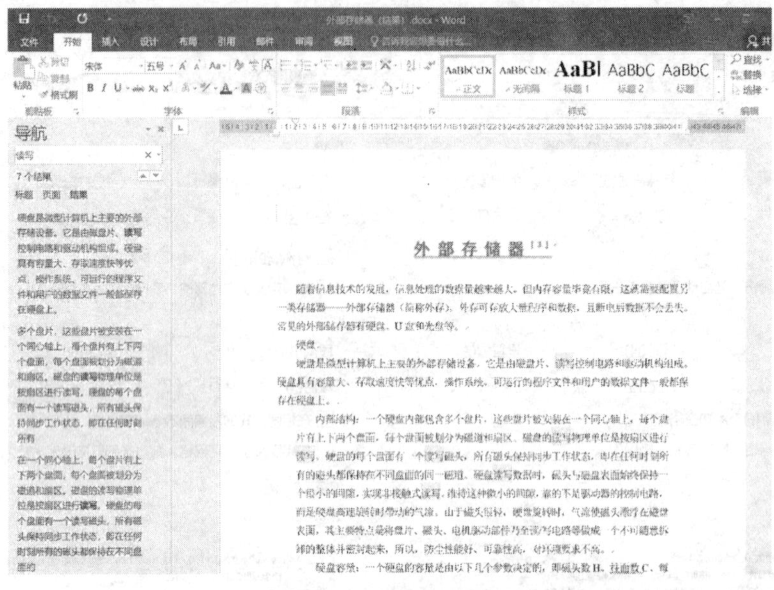

图 4－12 “查找”的结果

(2) 将正文中所有的“存储”两字设置为红色、斜体、加着重号

选择正文，单击“开始”选项卡右侧的“编辑”按钮，选择“替换”，弹出“查找和替换”对话框，在“查找内容”文本框中输入“存储”，“替换为”文本框中输入“存储”。选中“替换为”的“存储”两字，单击对话框最左下角的“格式”按钮，点击“更多”按钮，打开字体格式对话框，设置字体颜色为“红色”，字形为“倾斜”，着重号选择“.”，如图 4－13 所示。点击“确定”按钮，返回“查找和替换”对话框，如图 4－14 所示，点击“全部替换”按钮，弹出如图 4－15 所示对话框，本文中注意标题有“存储”两个字，标题不应该被替换掉，选择“否”即可。

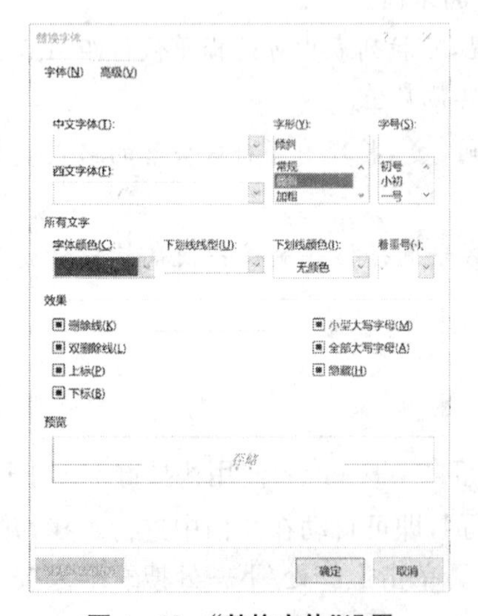

图 4－13 “替换字体”设置

图 4－14 “查找和替换”设置

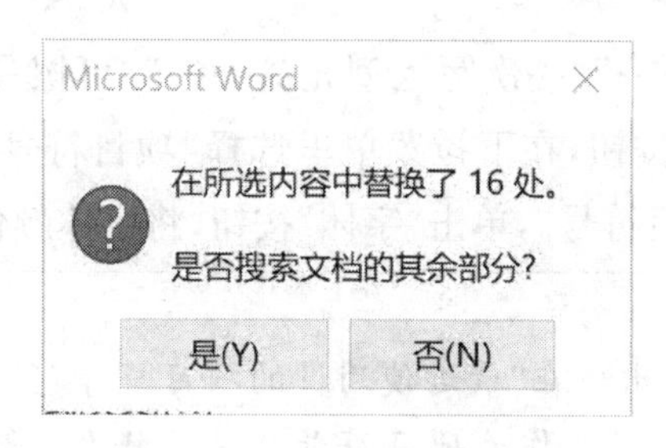

图 4－15　替换确认对话框

注：

1. 在替换之前，要确定替换的对象文本，是“全文”还是“正文”。

2. 在进行字体设置之前，请务必选择“替换为”的内容，否则就会将查找的文本内容进行字体设置，将会出错。

3. 如果在“查找内容”中误设置格式，可以点击下方按钮“不限定格式”来取消已经设置好的格式。

5. 页眉、页脚、页码设置

(1) 添加页眉

在页面顶端插入“奥斯汀”样式页眉，并输入内容“外部存储器”。

① 单击“插入”选项卡，在“页眉和页脚”功能组单击页眉按钮，在下拉列表中选择“奥斯汀”。

② 将光标移至首页，编辑“文档标题”为“外部存储器”，则所有页页眉相同，单击右上方“关闭页眉和页脚”退出。

(2) 插入页码

添加页码“第 x 页”，居中显示。

① 单击“插入”选项卡，“页眉和页脚”功能组中“页码”按钮。

② 选择“页面底端”→“普通数字 2”。此时在每页底端居中位置显示页码数字。

③ 将光标放至第一页底端，在“1”前输入“第”，“1”后输入“页”。

④ 单击右上方“关闭页眉和页脚”退出。

注：

可以设置首页跟其他页页眉不同，或者奇偶页页眉不同。具体方法：在“页眉和页脚工具”选项卡“选项”功能组中“首页不同”或“奇偶页不同”前方框中打钩，然后再设置页眉。

6. 添加项目符号、编号

正文中，为“硬盘”、“闪烁存储器”、“光盘”三段添加编号，编号类型为“(1)，(2)，(3)……”；为正文“只读型光盘……”“一次写入型光盘……”“可擦写型光盘……”三段添加绿色项目符号 ✧ 。

(1) 添加编号

选中正文“硬盘”“闪烁存储器”“光盘”三段，选择“段落”功能组的“编号” 按钮，在下拉菜单里选择“文档编号格式”中的“(1)，(2)，(3)”。

(2) 添加项目符号

选中正文“只读型光盘……”“一次写入型光盘……”“可擦写型光盘……”三段，选择“段落”功能组的“项目符号”☰按钮，在下拉菜单里选择“项目符号库”中的 ✧ 。选择“项目符号”下拉菜单中的“定义新项目符号”，单击“字体”按钮，将字体颜色设置为绿色。

> **注：**
>
> 1. 使用过的项目符号会出现在“最近使用过的项目符号”区域。
>
> 2. 可以将本地磁盘中的图片作为项目符号。具体操作：单击“项目符号”对话框中的“定义新项目符号”，单击“图片”按钮，单击弹出的对话框左下角的“导入”按钮，将本地磁盘中的图片添加进去，然后选择其作为项目符号。

7. 页面边框、水印、页面颜色设置

为页面添加最后一个艺术型页面边框，为页面添加内容为“存储器”的楷体文字水印，设置页面颜色为“绿色，个性色 6，淡色 80%”。

① 切换至“设计”选项卡，在“页面背景”功能区选择“页面边框”，打开“边框和底纹”对话框，在“页面边框”选项卡中，选择“艺术型”下拉选项中最后一行，如图 4－16 所示。

② 在“页面背景”功能区“水印”下拉菜单中选择“自定义水印”，打开“水印”设置对话框，选择“文字水印”，在“文字”处输入“存储器”，“字体”设置为“楷体”，如图 4－17 所示，单击“确定”按钮。

③ 在“页面背景”功能区“页面颜色”下拉颜色中选择“绿色，个性色 6，淡色 80%”。

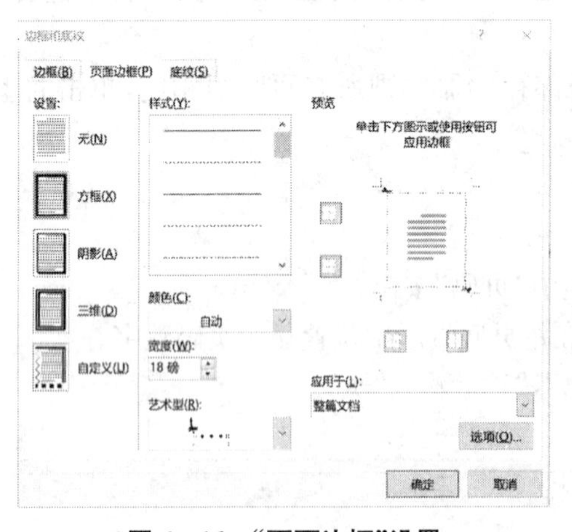

图 4－16 “页面边框”设置

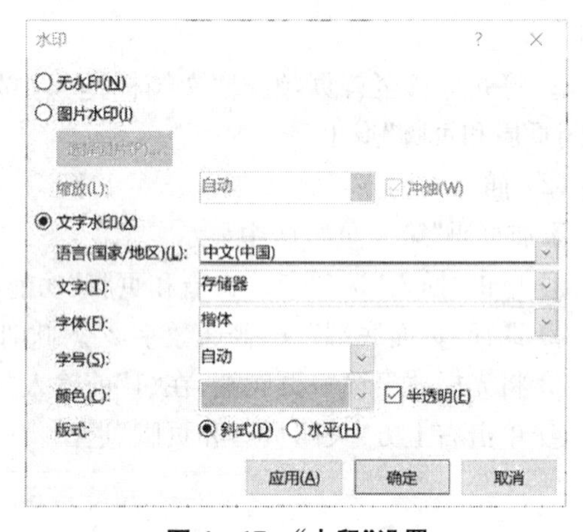

图 4－17 “水印”设置

④ 原文件名保存。

> **注：**
>
> 在文档编辑或考试过程中要实时存盘。按 Ctrl+S 键即可。

实验 5　制作电子板报

一、实验要求

1. 掌握首字下沉的编排。
2. 掌握分栏操作的使用。
3. 掌握边框和底纹的设置。
4. 掌握图文混排的编辑。
5. 掌握艺术字的插入。
6. 掌握文本框的应用。
7. 掌握脚注、尾注的添加。
8. 掌握文件保护与打印。

二、实验步骤

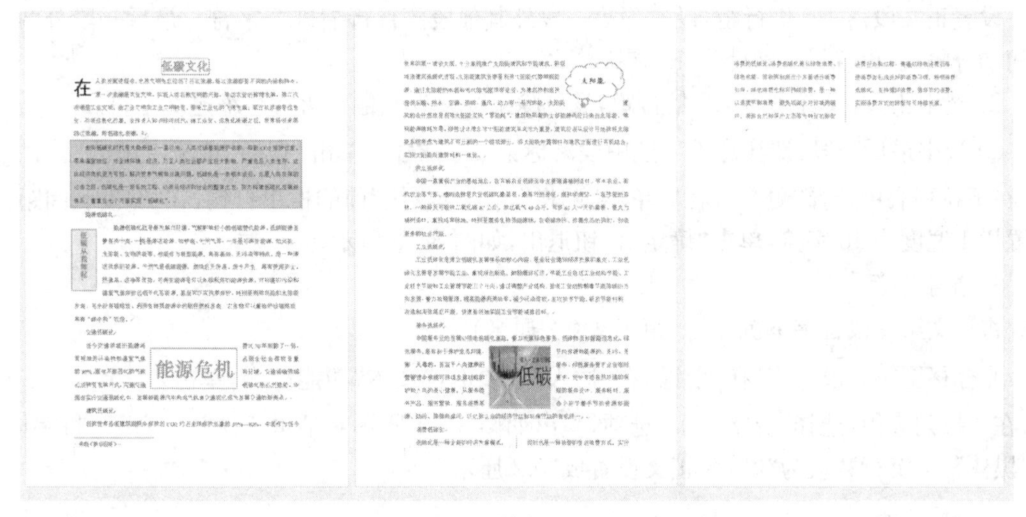

样张

实验准备：打开实验 5 文件夹中的素材“word3.docx”文件，另存为“低碳生活.docx”。

1. 标题文字效果设置

设置标题段文本效果为“渐变填充-紫色，着色 4，轮廓-着色 4”，字体为二号，居中显示，并为标题段文字添加蓝色（标准色）阴影边框。

① 选中标题，单击“开始”选项卡中的文本效果按钮 A，在图 5-1 中选择第 2 行第 3 列的“渐变填充-紫色，着色 4，轮廓-着色 4”。另设置其为二号，居中显示。

② 选择标题段文字，单击“开始”选项卡“段落”功能组的“边框和底纹”按钮，弹出如图 5-2 所示对话框，边框设置“阴影”，颜色选择标准色蓝色。确认右下方“应用于”为“文字”后单击“确定”退出。

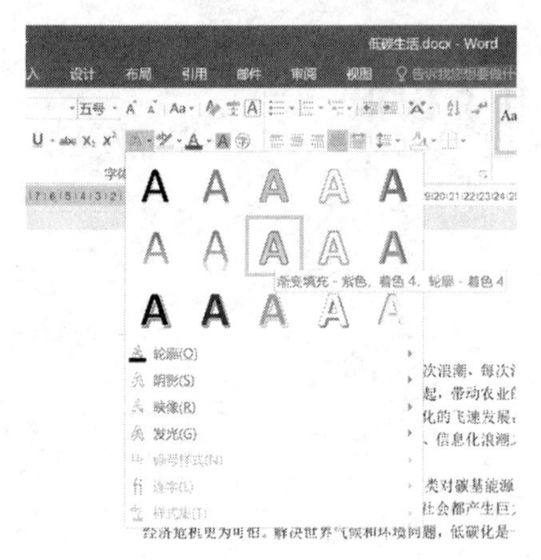

图 5-1　文本效果

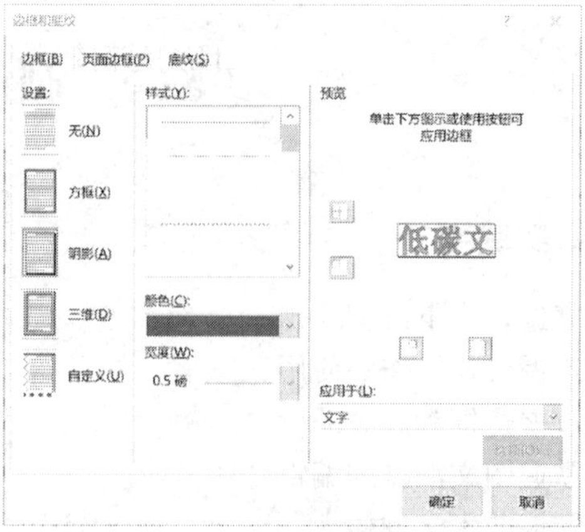

图 5-2　“边框和底纹”对话框

注：

可以看一看设置边框时应用于段落和文字效果之间的区别。

2. 设置段落格式

设置正文段落 1.5 倍行距，设置除第一段外其他段落首行缩进 2 字符。最后一段分两栏，中间加分隔线，设置栏 1 宽度为 18 字符。

① 选中正文，设置段落 1.5 倍行距，设置除第一段外其他段落首行缩进 2 字符。

② 选中最后一段（请注意不要选中段落标记 ↵ 符号），单击“布局”选项卡中的“分栏”按钮，在下拉列表中选择“更多分栏”，单击“两栏”，在“分隔线”前的框里打钩，在“宽度和间距”中设置栏 1 宽度为 18 字符，单击“确定”按钮退出，如图 5-3 所示。

3. 首字下沉

将正文第一段首字下沉 2 行（距正文 0.2 厘米）。

光标移至第一段首字“在”前面，在“插入”选项卡，“文本”功能组中，单击“首字下沉”按钮，在下拉列表中，选择“首字下沉”选项，弹出如图 5-4 所示对话框。选择“下沉”，将字体改为“黑体”，下沉行数改为“2”，距正文设置成“0.2 厘米”。

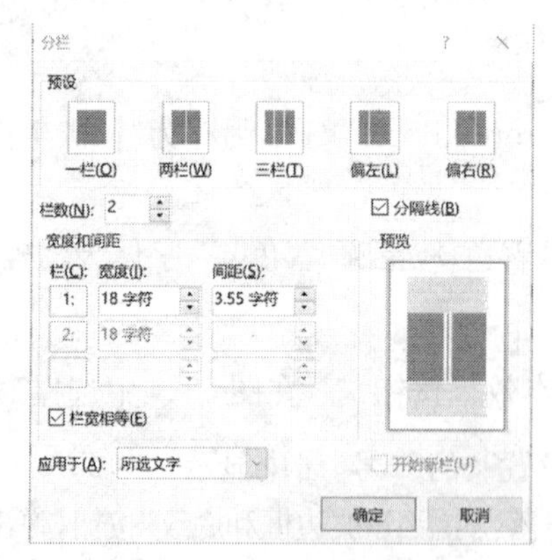

图 5-3　“分栏”设置对话框

图 5-4　“首字下沉”对话框

> **注：**
>
> 最后一段分栏，不能选择段落标记 ↵ 符号。其他段落的分栏，段落标记可选可不选。

4. 边框和底纹

将正文第 2 段添加绿色(标准色)、1.5 磅方框，填充色为“白色，背景 1，深色 25%”的底纹。

(1) 添加边框

参考范文，给第 2 段添加绿色、1.5 磅方框。

选择第 2 段，单击“开始”选项卡“段落”功能组的“边框和底纹”按钮，弹出如图 5－5 所示对话框，编辑颜色为绿色、宽度为“1.5 磅”，“设置”中选择“方框”。确认右下方“应用于”为“段落”后单击“确定”退出。

> **注：**
>
> 要选择正确的添加“边框和底纹”的对象。如题目是要求给“第 2 段文字”添加边框，则不要选择标题后面的段末符号 ↵ 或者在“边框和底纹”对话框右下角“应用于”里选择“文字”。注意观察应用于段落和文字效果的区别。

(2) 添加底纹

单击“边框和底纹”对话框中的“底纹”标签，选择填充色为“白色，背景 1，深色 25%”，如图 5－6 所示。

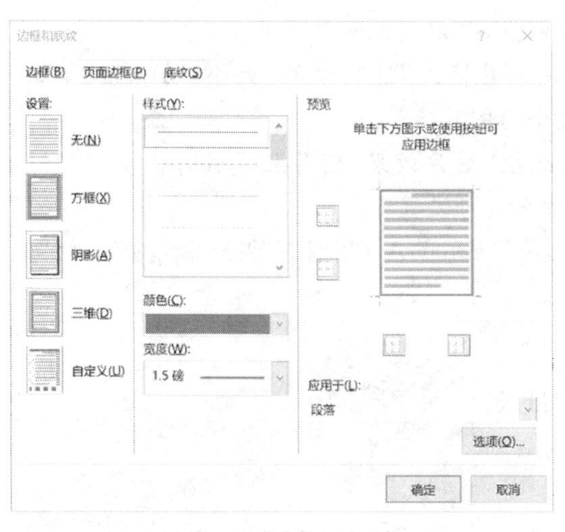

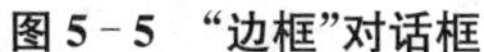
图 5－5　“边框”对话框

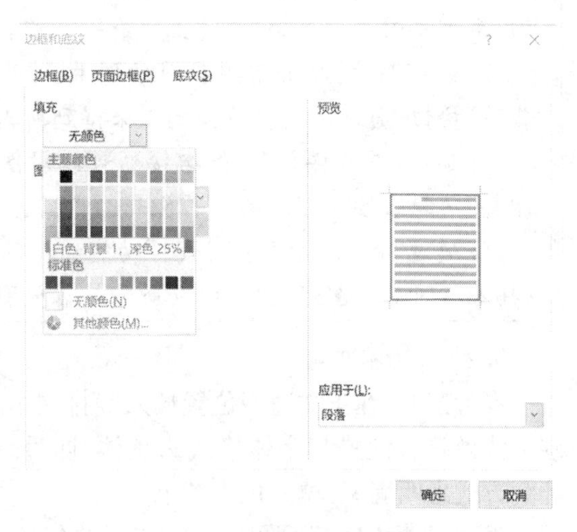

图 5－6　“底纹”对话框

> **注：**
>
> 底纹设置，要根据选择对象，在“边框和底纹”对话框右下角“应用于”下拉列表中选择“段落”或“文字”。与边框设置类似，注意观察应用于段落和文字的效果。

5. 插入图片及图片的编辑和格式设置

参考范文，在正文适当位置插入图片 PIC1.JPG，并设置其为四周环绕型，宽度 4 厘米，高度 4 厘米。

① 把插入点定位到要插入的图片位置，选择“插入”选项卡，单击“插图”功能组“图片”按

钮，在弹出的如图 5－7 所示对话框中，找到需要插入的图片 PIC1.JPG，单击“插入”按钮即可。

② 选中图片，则出现图片工具格式。在“环绕文字”下拉列表中选择“四周型环绕”，同时在“大小”功能组选择宽度按钮 设置为 4 厘米，高度按钮 设置为 4 厘米，注意取消“锁定纵横比”。

图 5－7 “插入图片”对话框

注：

1. 旋转图片：选定图片后，图片四边中点和对角出现 8 个小圆点，称之为尺寸控点，可以用来调整图片的大小；图片上方有一个旋转控制点，可以用来旋转图片。

2. 裁剪图片：双击需要裁剪的图片，在“图片工具格式”选项卡的“大小”功能组，单击“裁剪”按钮，通过调整裁剪控制点来得到所需大小的图片。

3. 通过“图片样式”功能组按钮可以对图片边框、图片效果、图片版式进行设置。通过“调整”功能组按钮可对图片的色彩、颜色、艺术效果进行设置。

4. 通过“插入”选项卡“插图”功能组中的“形状”“SmartArt”“图表”“屏幕截图”按钮可以插入不同形状图形、图表以及所需屏幕截图。

6. 插入文本框

参考范文，在正文适当位置插入竖排文本框“低碳从我做起”，设置其字体格式为黑体、四号、红色，环绕方式为四周型，填充色为黄色。

① 将光标定位到要插入文本框的位置，选择“插入”选项卡，单击“文本”功能组中的“文本框”下拉按钮，在弹出的下拉面板中选择“绘制竖排文本框”，然后绘制文本框，在文本框中输入文本内容并右击设置格式为黑体、四号、红色。

② 选中文本框，选择“绘图工具格式”中的“环绕文字”按钮，在下拉列表中选择“四周型环绕”。

③ 选中文本框，右击选择“设置形状格式”，在右侧打开“设置形状格式”栏，在“填充”中选择“纯色填充”，颜色选择“黄色”，如图 5－8 所示，设置完成

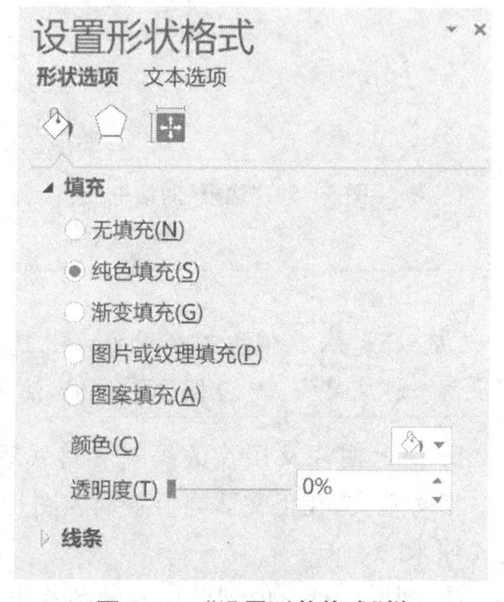

图 5－8 “设置形状格式”栏

关闭即可。

7. 插入艺术字

参考范文，在正文适当位置插入第 2 行第 5 列的艺术字“能源危机”，设置艺术字字体为华文中宋、36 号，环绕方式为紧密型，取消首行缩进 2 个字符。设置艺术字形状样式为实线，宽度为 1.5 磅，蓝色。

① 将光标定位到要插入的位置，选择“插入”选项卡“文本”功能组中的“艺术字”下拉面板，在如图 5 - 9 所示的对话框中选择第 2 行第 5 列的艺术字样式，输入文本内容，同时选中文字设置字体华文中宋、字号 36 号，在段落对话框中取消首行缩进 2 个字符。

② 选中艺术字框，在“环绕文字”下拉列表中选择“紧密型环绕”。

③ 选中艺术字框，右击选择“设置形状格式”，在右侧打开“设置形状格式”栏，在“线条”中选择“实线”，颜色为“蓝色”，如图 5 - 10 所示；在“线型”中设置“宽度”为 1.5 磅，设置完成关闭即可。

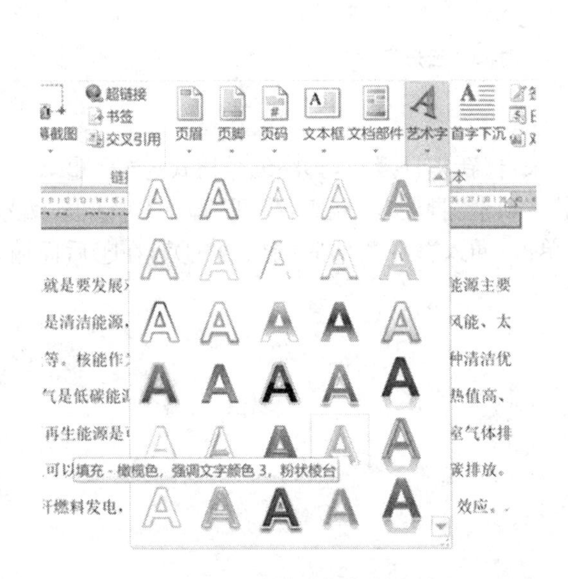

图 5 - 9　插入“艺术字”

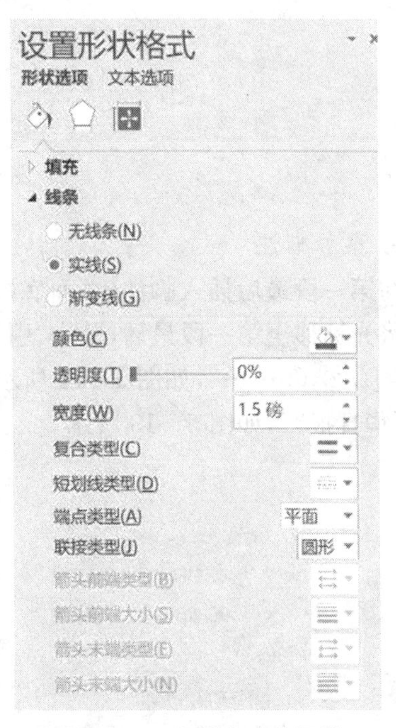

图 5 - 10　设置艺术字框线

8. 插入形状

参考范文，在正文适当位置插入云形标注，输入文字“太阳能”，设置文字为楷体、加粗、四号，其形状样式为“彩色轮廓-蓝色，强调颜色 1”，环绕方式为紧密型。

① 将光标定位到要插入的位置，选择“插入”选项卡“插图”功能组中的“形状”下拉面板，在如图 5 - 11 所示的对话框中选择“云形标注”，在适当位置拖动形状大小。

② 单击云形标注，可以输入文字“太阳能”，并设置其字体为楷体、加粗、四号。

③ 选中形状，在“绘图工具”中展开“格式”选项卡“形状样式”，选择“彩色轮廓-蓝色，强调颜色 1”。在“环绕文字”下拉列表中选择“紧密型环绕”。

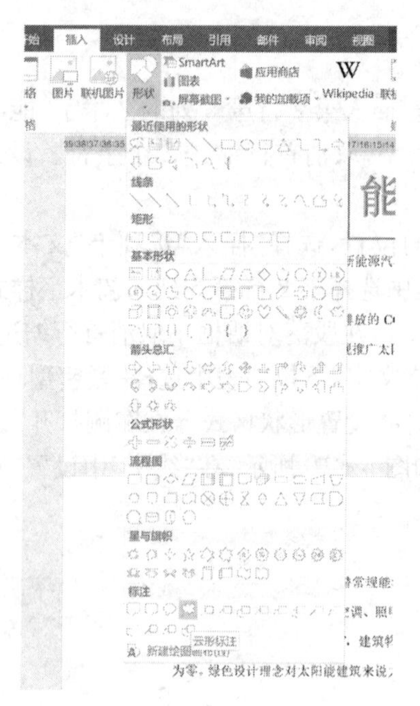

图 5－11　插入“云形标注”

9. 添加脚注

在第一段最后插入脚注(页面底端)“来自《新华日报》”,脚注编号格式为“①,②,③……”。

将光标移至第一段最后,单击“引用”选项卡“脚注”功能组,打开“脚注”对话框,编号格式选择“①,②,③……”,如图 5－12 所示,单击“插入”;在页面底端出现“①”,在①后面输入“来自《新华日报》”,如图 5－13 所示。

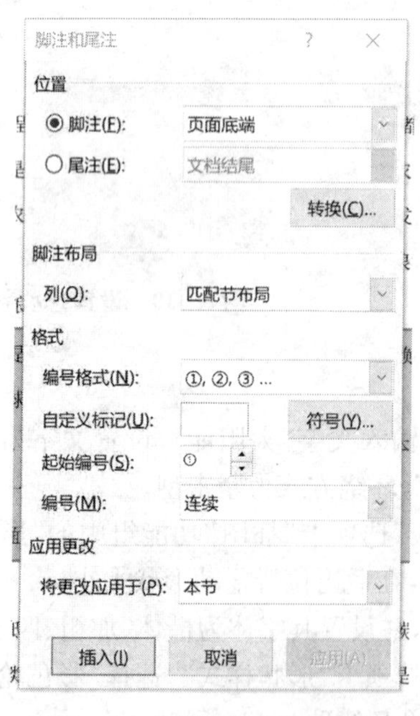

图 5－12　“脚注和尾注”对话框

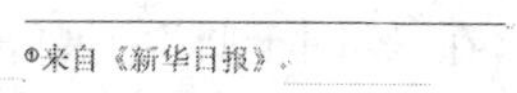

①来自《新华日报》

图 5－13　插入脚注后的结果

注：

添加尾注的方法跟添加脚注相同。

10. 文件保护与打印

(1) 文件保护

单击“文件”选项卡中“信息”，在右侧单击“保护文档”中“限制编辑”按钮，则在文档右侧出现如图 5－14 所示菜单。根据需要在 1.格式设置限制和 2.编辑限制下方框内打钩，单击下方“是，启动强制保护”。弹出如图 5－15 所示对话框，在保护方法中设置密码。用户通过密码验证可以删除文档保护，对文档进行编辑。

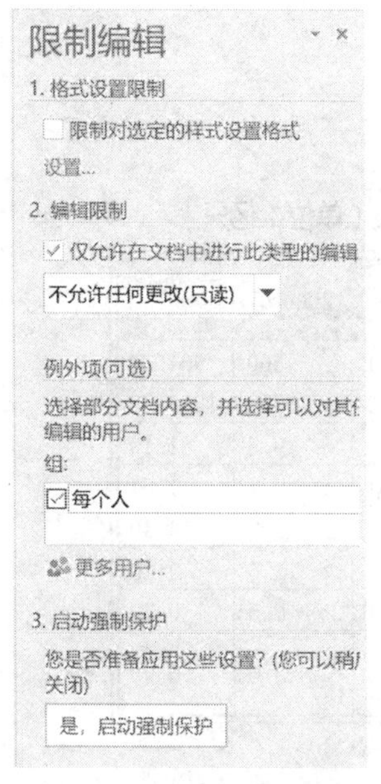

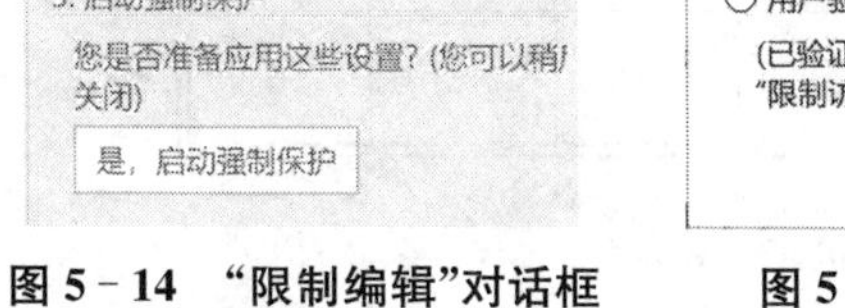

图 5－14　“限制编辑”对话框　　图 5－15　“启动强制保护”对话框

注：

可单击“文件”选项卡中“信息”，在右侧单击“保护文档”中“用密码进行加密”按钮。输入密码 2 次，则用户需要使用此密码才能打开文件。

(2) 文件打印

单击“文件”选项卡中“打印”，在中间区域可以进行打印份数、打印机、页数、是否单面打印或正反打印等设置。右侧是打印预览，可以根据打印预览效果进行格式修改。

实验6　设计、应用表格

一、实验要求

1. 掌握创建、修改表格。
2. 掌握表格格式设计。
3. 掌握表格中数据的编辑。
4. 掌握表格中数据排序、计算等操作。

二、实验步骤

近年来中国片式元器件产量一览表（单位：亿只）

年份 产品类型	1998年	1999年	2000年	三年产量总计
片式电阻器	125.2	276.1	500	901.30
片式多层陶瓷电容器	125.1	413.3	750	1288.40
片式钽电解电容器	5.1	6.5	9.5	21.10
片式石英晶体器件	1.5	0.01	0.1	1.61
半导体陶瓷电容器	0.3	1.6	2.5	4.40
片式有机薄膜电容器	0.2	1.1	1.5	2.80
片式铝电解电容器	0.1	0.1	0.5	0.70
片式电感器 变压器	0.0	2.8	3.6	6.40

年份 产品类型	1998年	1999年	2000年	三年产量总计
片式电阻器	125.2	276.1	500	901.30
片式多层陶瓷电容器	125.1	413.3	750	1288.40
片式钽电解电容器	5.1	6.5	9.5	21.10
片式石英晶体器件	1.5	0.01	0.1	1.61
半导体陶瓷电容器	0.3	1.6	2.5	4.40
片式有机薄膜电容器	0.2	1.1	1.5	2.80
片式铝电解电容器	0.1	0.1	0.5	0.70
片式电感器	0.0	2.8	3.6	6.40
变压器				

样表

实验准备：打开实验6文件夹中的素材“word4.docx”文件。

1. 设计表格

(1) 创建表格

将素材另存为“元器件产量一览表.docx”，设置文中标题“近年来中国片式元器件产量一览表(单位:亿只)”空心黑体、四号字，蓝色，标题字符间距为紧缩格式，磅值:1.2磅。

① 选择“近年来中国片式元器件产量一览表(单位:亿只)”标题，打开“字体”对话框，设置

中文字体为“黑体”、字号为“四号”，文字颜色为“蓝色”，如图 6－1 所示。

② 在“字体”对话框中，选择“文字效果”打开“设置文本效果格式”对话框，“文本填充”选择“无填充”，“文本边框”选择“实线”，如图 6－2 所示，点击“确定”按钮。

③ 在“字体”对话框中选择“高级”选项卡，在“间距”选项中选择“紧缩”，设置“磅值”为“1.2 磅”，如图 6－3 所示，点击“确定”按钮。

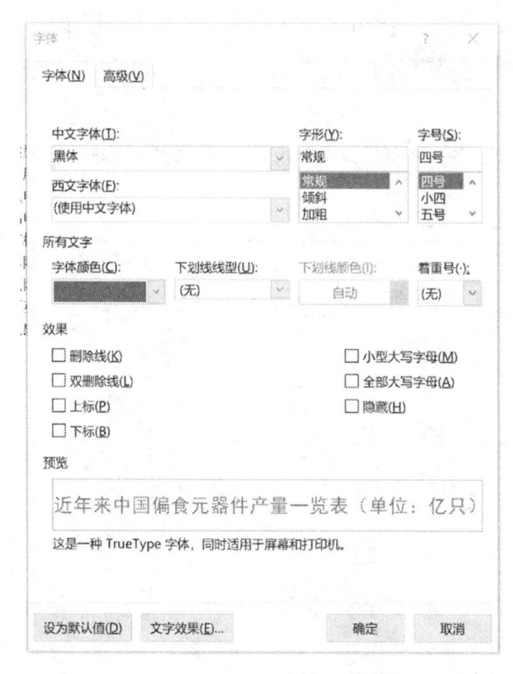

图 6－1　设置“字体”对话框

图 6－2　设置“空心”效果

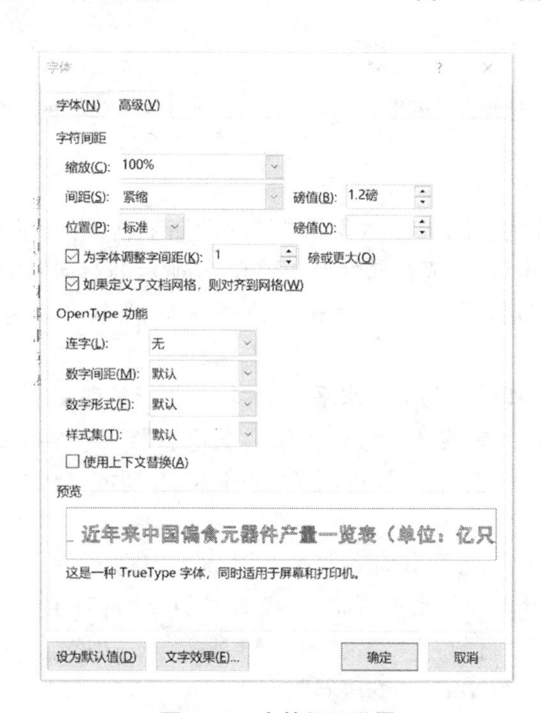

图 6－3　字符间距设置

(2) 文字转换表格

将文件中最后 9 行文字转换成 9 行 4 列的表格，设置表格居中；文字“产品类型”添加“年份”上标。

① 选中最后 9 行文字，在“插入”选项卡的“表格”下拉菜单中选择“文本转换成表格”，打开如图 6－4 所示的对话框，“列数”为“4”，点击“确定”。

② 单击表格左上角的图标 ，以选中整个表格。右击表格，选择“表格属性”命令。在“表格属性”对话框中选择“表格”选项卡，并选择“居中”对齐方式，如图 6－5 所示，点击“确定”按钮。

③ 光标移至表格第 1 行第 1 列文字最后，单击“字体”功能区的上标 x^2 按钮，输入文字“年份”即可。

图 6－4　文字转换成表格

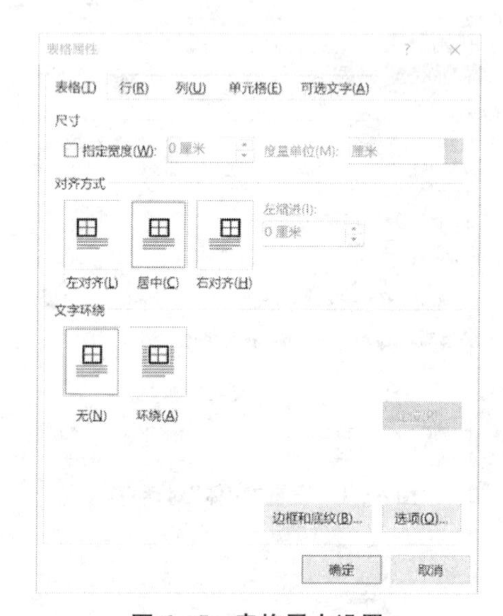

图 6－5　表格居中设置

(3) 调整表格大小

设置表格第一列列宽为 4 厘米、其余列列宽为 1.7 厘米、表格行高为 0.5 厘米。

选择表格第 1 列，右击选择“表格属性”，在图 6－5 所示的对话框中设置“列宽”为 4 厘米；选择表格剩余三列，设置“列宽”为 1.7 厘米；全选整张表格，设置行高为“0.5”厘米。

(4) 单元格设置

设置表格中的第 1 行和第 1 列文字水平居中、其余各行各列文字中部右对齐；将第 9 行第 1 列单元格拆分成 2 行，新生成的第 1 行文字为“片式电感器”、第 2 行文字为“变压器”。

① 选中表格第 1 行，在“表格工具”选项卡“对齐方式”功能区中选择“水平居中”；同样设置第 1 列。

② 选择表格剩余单元格，设置其对齐方式为“中部右对齐”。

③ 光标移至第 9 行第 1 列单元格，右击，在菜单中选择“拆分单元格”，打开“拆分单元格”对话框，设置“列数”为“1”，“行数”为“2”，如图 6－6 所示，点击“确定”；在新生成的第 1 行调整文字为“片式电感器”、第 2 行文字为“变压器”。

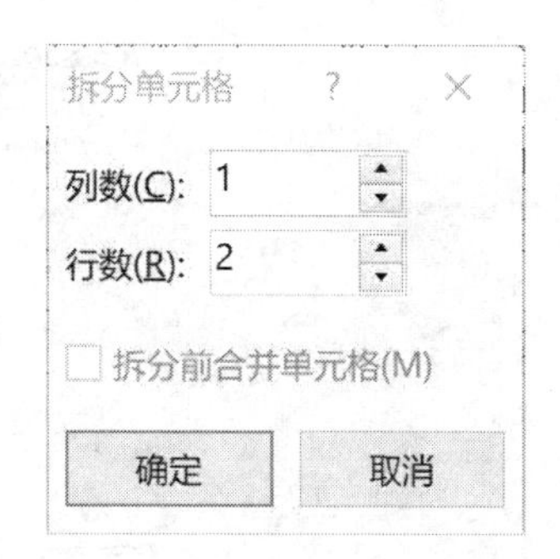

图 6－6　“拆分单元格”对话框

2. 设计表格框线和底纹

(1) 边框

设置表格外框线为 1.5 磅蓝色(标准色)双窄线、内框线为 1 磅蓝色(标准色)单实线,将表格第一行的下框线和第一列的右框线设置为 1 磅红色单实线;在第 1 行第 1 列单元格中添加一条 0.75 磅、“深蓝,文字 2,淡色 40%”、左上右下的单实线对角线。

① 选中整张表格,单击“边框和底纹”按钮,选择“双窄线”“蓝色”“1.5 磅”,右侧预览区域选择外框线范围;选择“单实线”“蓝色”“1.0 磅”,右侧预览区域选择内框线范围,如图 6－7 所示,点击“确定”按钮。

② 选择表格第 1 行,打开“边框和底纹”对话框,选择“单实线”“红色”“1.0 磅”,右侧预览区域点击下框线取消之前的框线设置,再单击一次设置新框线设置,如图 6－8 所示;同样设置第 1 列的右框线,如图 6－9 所示。

③ 光标移至第 1 行第 1 列单元格,在“表格工具”中的“设计”选项卡,选择“边框”为“单实线”、“笔颜色”为“蓝色”、“笔画粗细”为“0.75 磅”,右侧“边框”下拉按钮选择“斜下框线”,如图 6－10 所示。

图 6－7　整张表格框线设置

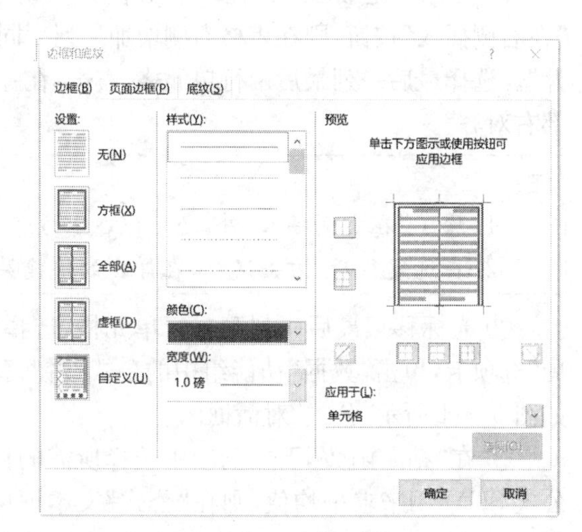

图 6－8　第 1 行的下框线设置

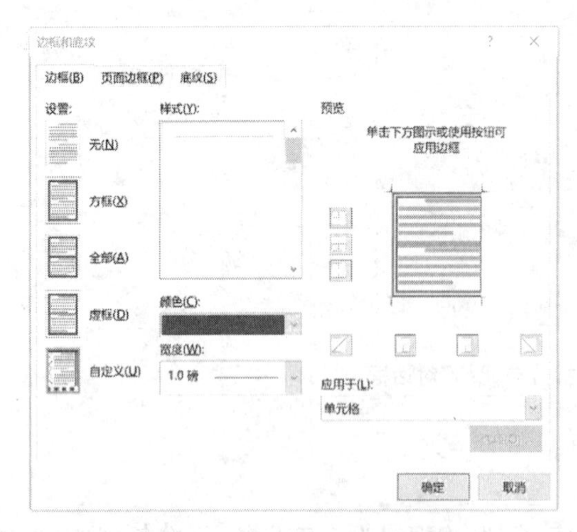

图 6-9　第 1 行右侧框线设置

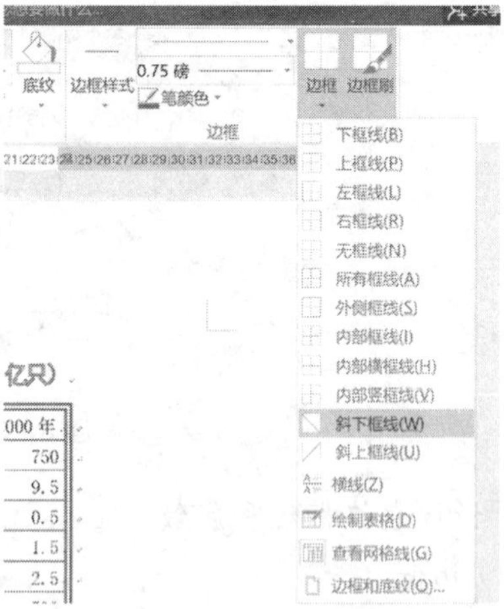

图 6-10　斜线设置

(2) 底纹

设置表格第一行(标题行)底纹为“白色，背景 1，深色 25%”。

选择表格第一行，打开“边框和底纹”对话框，在“底纹”选项卡中选择颜色“白色，背景 1，深色 25%”。

3. 表格数据处理

在表格最右边插入一列(合并最后一列最后两行单元格并中部右对齐)，输入列标题“三年产量总计”，并计算出每个产品的三年产量总计，保留两位小数点，并对前八行 1998 年的数据进行降序排序。

(1) 表格数据计算

① 光标移至最后一列任一单元格处，单击“表格工具”中“布局”选项卡“行和列”功能组的“在右侧插入”按钮，则在表格右侧增加一列。同时在最后一列第一个单元格输入“三年产量总计”。选择最后一列最后两行单元格，右击，在弹出的菜单中选择“合并单元格”，设置其为“中部右对齐”。

> **注：**
>
> 1. 除了“在右侧插入”外，还可以在上方、下方和左侧插入。
> 2. 在选定行后，右击鼠标，在弹出的快捷菜单中选择“插入”，也可进行行和列的增加。

② 光标移至最后一列第二行单元格，选择“布局”选项卡，单击“数据”功能组中的公式按钮，弹出如图 6-11 所示“公式”对话框。

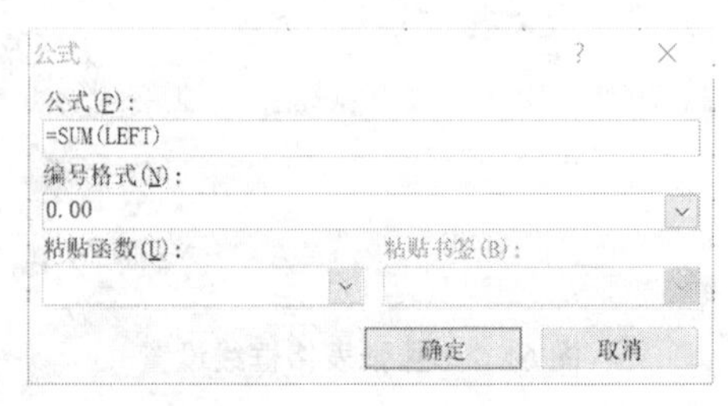

图 6-11　“公式”对话框

③ 在“粘贴函数”下拉列表中选择所需的计算公式 SUM 用来求平均值，则在“公式”文本框内出现“=SUM(LEFT)”，即此处的公式；选择编号格式：0.00，点击“确定”即可。

④ 按上述步骤，计算出最后一列其他单元格中的总和。

注：

在公式中输入“＝B8＋C8＋D8”也可得到相同结果，此处 B8 为第 2 列第 8 行单元格的相对地址。

（2）数据排序

选中前八行数据行，单击“布局”选项卡“数据”功能组中的“排序”按钮，打开“排序”对话框，在“主要关键字”选择“1998 年”，选择“降序”按钮，如图 6－12 所示，点击“确定”按钮，排序结果如图 6－13 所示。

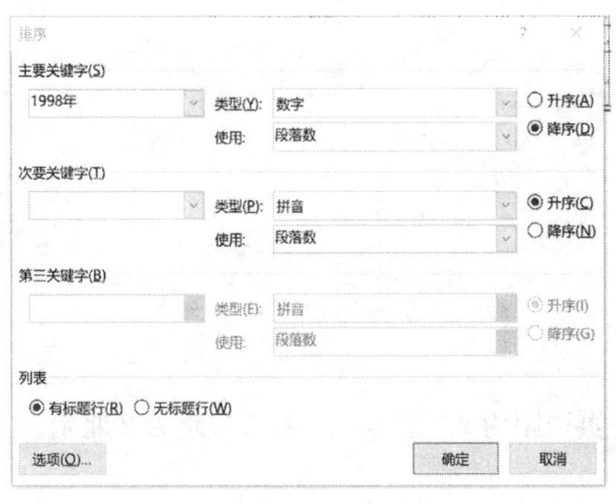

图 6－12　“排序”对话框

近年来中国片式元器件产量一览表（单位：亿只）

产品类型 年份	1998 年	1999 年	2000 年	三年产量总计
片式电阻器	125.2	276.1	500	901.30
片式多层陶瓷电容器	125.1	413.3	750	1288.40
片式钽电解电容器	5.1	6.5	9.5	21.10
片式石英晶体器件	1.5	0.01	0.1	1.61
半导体陶瓷电容器	0.3	1.6	2.5	4.40
片式有机薄膜电容器	0.2	1.1	1.5	2.80
片式铝电解电容器	0.1	0.1	0.5	0.70
片式电感器	0.0	2.8	3.6	6.40
变压器				

图 6－13　表格处理效果

4. 表格样式设置

在下方备份表格，设置备份表格样式为内置样式“网格表 6 彩色-着色 2”。

① 选中整张表格，复制后在下方粘贴。

② 选中备份表格，在“表格工具”的“设计”选项卡“表格样式”功能区选择“网格表”中的“网格表 6 彩色-着色 2”，设置结果如图 6－14 所示。

③ 保存。

产品类型 年份	1998 年	1999 年	2000 年	三年产量总计
片式电阻器	125.2	276.1	500	901.30
片式多层陶瓷电容器	125.1	413.3	750	1288.40
片式钽电解电容器	5.1	6.5	9.5	21.10
片式石英晶体器件	1.5	0.01	0.1	1.61
半导体陶瓷电容器	0.3	1.6	2.5	4.40
片式有机薄膜电容器	0.2	1.1	1.5	2.80
片式铝电解电容器	0.1	0.1	0.5	0.70
片式电感器	0.0	2.8	3.6	6.40
变压器				

图 6－14　备份表格处理效果

实验7 长文档排版

一、实验要求

1. 掌握大纲视图的使用方法。
2. 掌握设置大纲级别的方法。
3. 掌握长文档目录的创建方法。
4. 掌握多级符号的设置方法。
5. 掌握不同的页眉和页脚的设置方法。
6. 掌握题注及交叉引用功能。
7. 论文排版的其他要求。

二、实验步骤

1. 页面设置

打开“毕业论文-素材”文档，设置文档上、左页边距为2.5厘米，下、右页边距为2厘米。

2. 文档分节

注：

分节符最主要的作用就是为同一文档设置不同的格式。例如，在编排一本书的时，书前面的目录需要用“Ⅰ，Ⅱ，Ⅲ ……”作为页码，正文要用“1，2，3……”作为页码。书的前面还有扉页、前言等，这样的页一般不需要设置页码。如果整篇文档采用统一的格式，则不需要采用分节。如果想要在文档的某一部分采用不同的格式设置，就必须创建一个节。

打开素材文档“毕业论文-素材.docx”，然后执行以下操作步骤。

① 将光标定位于文档第一页的“目录”文字前面，在“布局”选卡的“页面设置”组中单击“分隔符”按钮，在弹出的下拉菜单中选“分节符”中的“奇数页”，效果如图7-1所示。

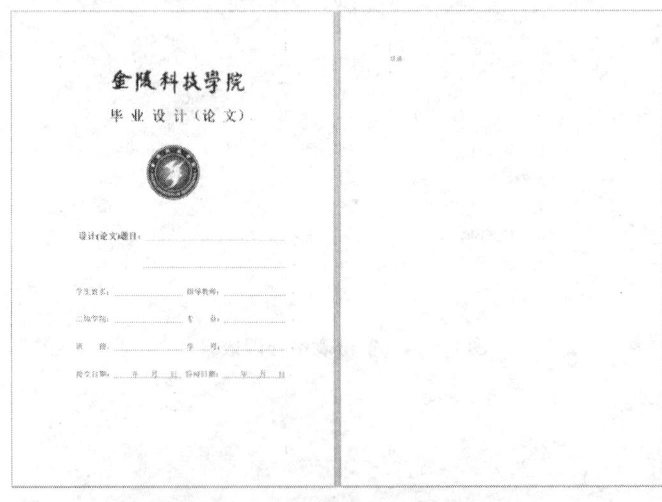

图7-1 在“目录”前插入分节符

② 按照上述方法在“系统的设计与实现”前面插入分节符，分节符的类型为“下一页”。同样，在“design and implementation management system”“绪论”“开发工具介绍”“需求分析及可行性研究”“系统设计”“系统实现”“系统测试”“总结”“参考文献”和“致谢”前面插入分节符，分节符的类型为“下一页”。中英文摘要的效果如图 7－2 所示。

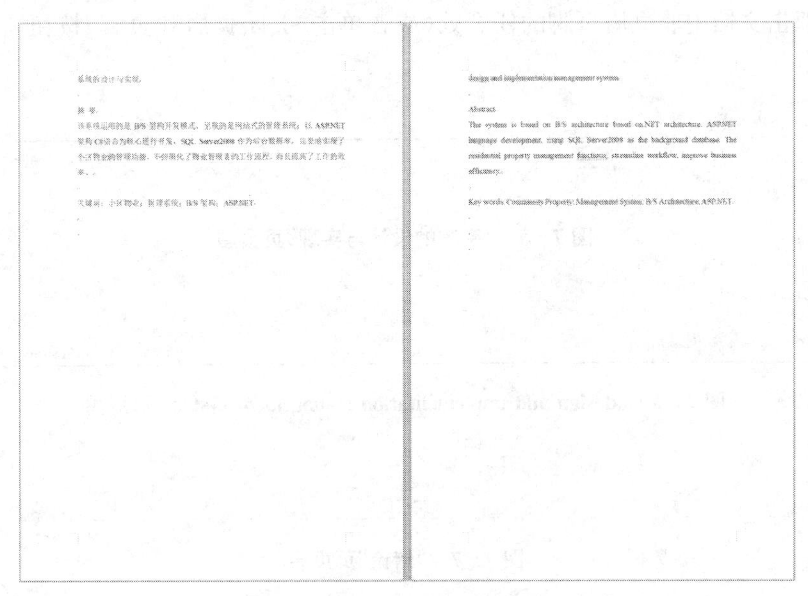

图 7－2　在“系统的设计与实现”前插入分节符

③ 至此，该文档分成了 13 节。文档第 1 页封面为第 1 节，目录、摘要、每一章包括参考文献和引用都独立成节。

3. 制作不同节的页眉

前面的操作过程已经将文档分为了 13 节。现在可以为不同的节设置不同的页眉页脚。

① 将光标定位于文档的第 1 页，在“插入”选项卡的“页眉和页脚”组中，单击“页眉”按钮，弹出页眉样式库下拉列表，选择“编辑页眉”，选中“页眉和页脚工具/设计”选项卡中“选项”组中的“首页不同”“显示文档文字”复选框，如图 7－3 所示。

图 7－3　设置页眉格式

② 在页眉和页脚编辑状态，封面首页不需要页眉，所以首先在“目录”页输入页眉“金陵科技学院学士学位论文”，左对齐，最右边输入“目录”，如图 7－4 所示。

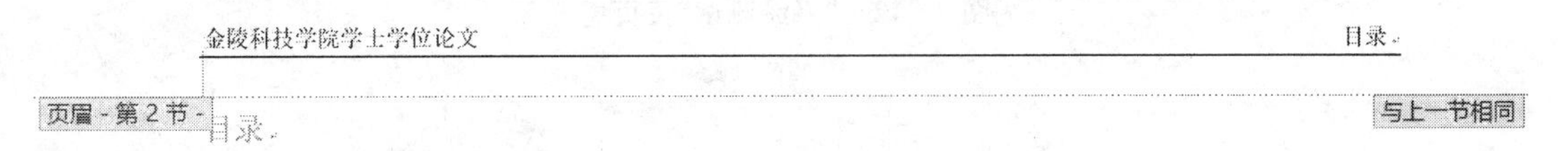

图 7－4　“目录”页页眉

③ 同样，在“系统的设计与实现”页面，单击“导航”组的“链接到前一条页眉”按钮 链接到前一条页眉，取消“与上一节相同”标志，如图 7－5 所示。同样，在“design and implementation management system”“绪论”“开发工具介绍”“需求分析及可行性研究”“系统设计”“系统实现”“系统测试”“总结”“参考文献”和“致谢”页面设置对应的页眉，如图 7－6 至图 7－15。双击文档中非页眉页脚的任意处（或者单击“关闭页眉和页脚”按钮），退出页眉编辑状态。

金陵科技学院学士学位论文　摘要

页眉 - 第 3 节 - 系统的设计与实现

图 7－5　“系统的设计与实现”页页眉

金陵科技学院学士学位论文　Abstract

图 7－6　“design and implementation management system”页页眉

金陵科技学院学士学位论文　第 1 章 绪论

图 7－7　“绪论”页页眉

金陵科技学院学士学位论文　第 2 章 开发工具介绍

图 7－8　“开发工具介绍”页页眉

金陵科技学院学士学位论文　第 3 章 需求分析及可行性研究

图 7－9　“需求分析及可行性研究”页页眉

金陵科技学院学士学位论文　第 4 章 系统设计

图 7－10　“系统设计”页页眉

金陵科技学院学士学位论文　第 5 章 系统实现

图 7－11　“系统实现”页页眉

金陵科技学院学士学位论文　第 6 章 系统测试

图 7－12　“系统测试”页页眉

金陵科技学院学士学位论文　第 7 章 总结

图 7－13　“总结”页页眉

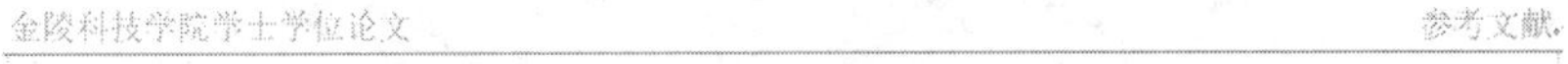

金陵科技学院学士学位论文
参考文献

图 7－14　“参考文献”页页眉

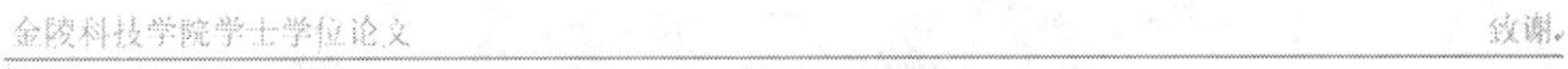

金陵科技学院学士学位论文
致谢

图 7－15　“致谢”页页眉

注：

设置时有可能会导致封面顶端页眉处有横线，或者其他页面顶端页眉处横线缺失，此时可以调出“段落”中“下框线”按钮，取消或者加上这根横线。

4. 制作不同节的页码

① 将光标定位于文档第 2 页，单击“插入”选项卡中的“页眉和页脚”组的“页码”按钮，在下拉菜单中选择“页面底端”，然后级联列表中选择“普通数字 2”。

单击“页眉页脚工具/设计”选项卡中“页眉和页脚”组的“页码”按钮，在下拉列表中选择“设置页面格式”，弹出“页码格式”对话框。在“编号格式”下拉列表中选择“Ⅰ，Ⅱ，Ⅲ……”格式，在“页码编号”区域中选择“起始页码”为“Ⅰ”，如图 7－16 所示。

② 单击“确定”按钮，并使页码居中对齐。用同样的方法在“系统的设计与实现”页、“design and implementation management system”页上修改页码格式，如图 7－17 所示。

页码格式
?
编号格式(F): I, II, III, ...
包含章节号(N)
章节起始样式(P) 标题 1
使用分隔符(E): - (连字符)
示例: 1-1, 1-A
页码编号
续前节(C)
起始页码(A): I
确定
取消

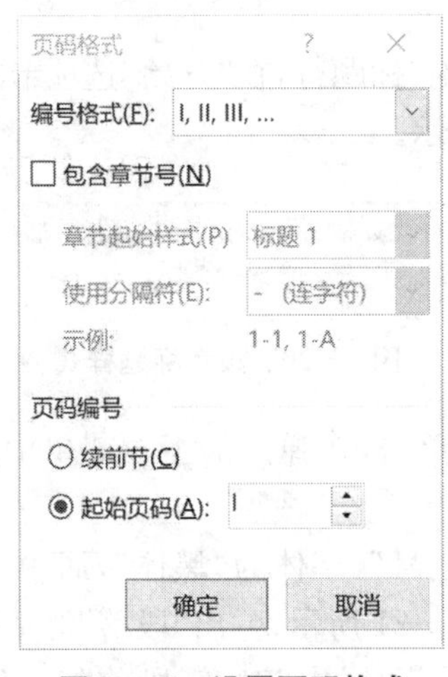

图 7－16　设置页码格式

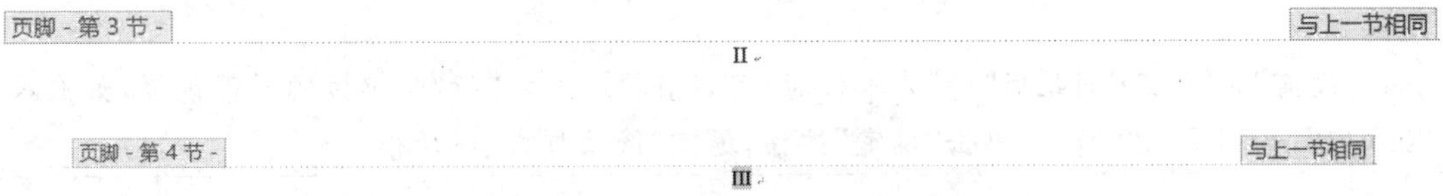

页脚 - 第 3 节 -
与上一节相同
II
页脚 - 第 4 节 -
与上一节相同
III

图 7－17　中英文摘要页面页码设置

③ 将光标定位于“绪论”所在页的页脚处，设置本节页脚与之前的节不同。单击“页眉和页脚”组的“页码”按钮，在下拉菜单中选择“设置页码格式”，弹出“页码格式”对话框，在“编码

格式"下拉列表中选择"1,2,3……"格式,在"页码编号"区域选择"起始页码"为"1",如图 7－18 所示。

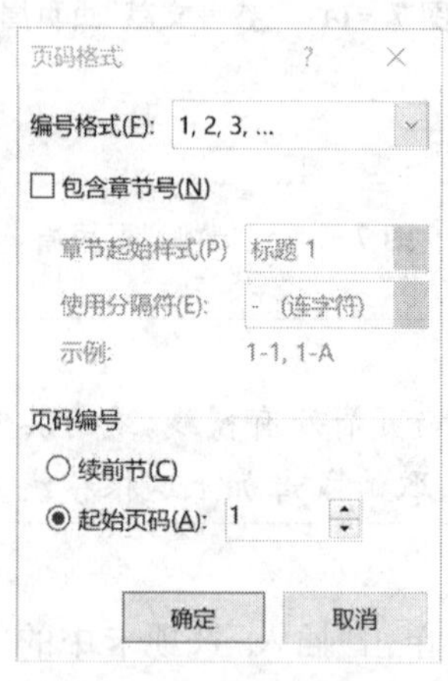

图 7－18　设置页码格式

④ 单击"确定"按钮,页码效果如图 7－19 所示。

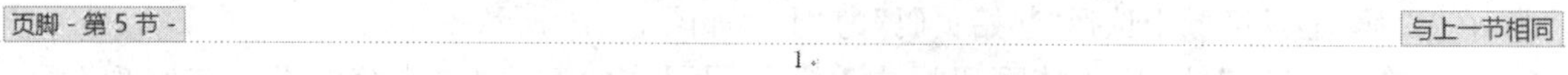

页脚 - 第 5 节 -　　与上一节相同

1

图 7－19　正文页码设置

5. 设置标题样式

① 选中文档中第 5 页的"绪论"标题行,在"开始"选项卡的"样式"组中单击"标题 1"按钮,选择"标题 1"样式,如图 7－20 所示。

图 7－20　设置标题样式

② 在"标题 1"的样式上右键单击,在弹出的下拉菜单中选择"修改",弹出"修改样式"对话框。

③ 在对话框中设置字号为"三号",字体为"黑体",居中对齐,单击左下角的"格式"按钮,在下拉列表中选择"段落",如图 7－21 所示,弹出"段落"对话框。

④ 在"段落"对话框中设置段落"居中"对齐,段前"0.5 行",段后"0.5 行",行距为"单倍行距"。

> **注:**
>
> "段前"和"段后"间距用"磅"为单位时,可以直接输入以"行"为单位的段落设置,如输入"0.5 行",如图 7－22 所示,单击"确定"按钮,返回"修改样式"对话框。

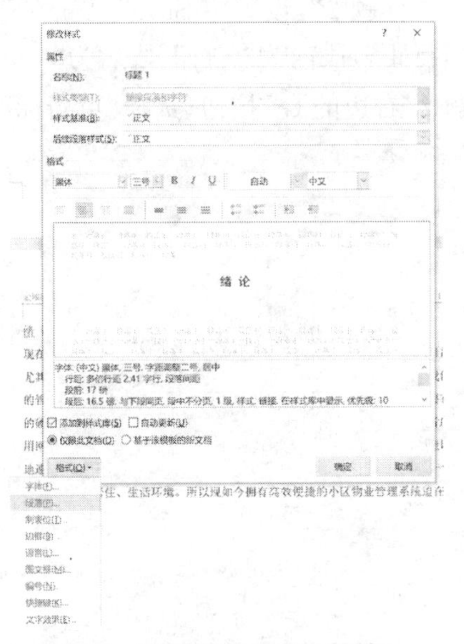

图 7-21　“修改样式”对话框

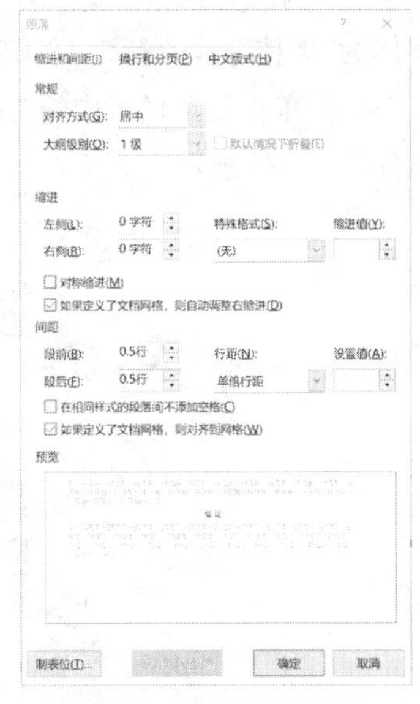

图 7-22　设置段落格式

⑤ 将光标定位于“绪论”处，双击“开始”选项卡中的“剪贴板”的“格式刷”按钮，选中其他红色标题也设置成同样的样式，如“开发工具介绍”“需求分析及可行性研究”“系统设计”“系统实现”“系统测试”“总结”“参考文献”和“致谢”。设置完毕后，单击“格式刷”按钮。

⑥ 选中位于文档第 6 页的二级标题“ASP.NET 介绍”，在“开始”选项卡的“样式”组中单击“快速样式”中的“标题 2”按钮。

注：

如果没有在快速样式中找到“标题 2”，则单击“样式”组的“对话框启动器”按钮(组合键 Alt+Ctrl+Shift+S)弹出如图 7-23 所示的“样式”任务窗格。单击“选项”按钮，在弹出“样式窗格选项”对话框中选中“在使用上一级别时显示下一标题”复选框，如图 7-24 所示。

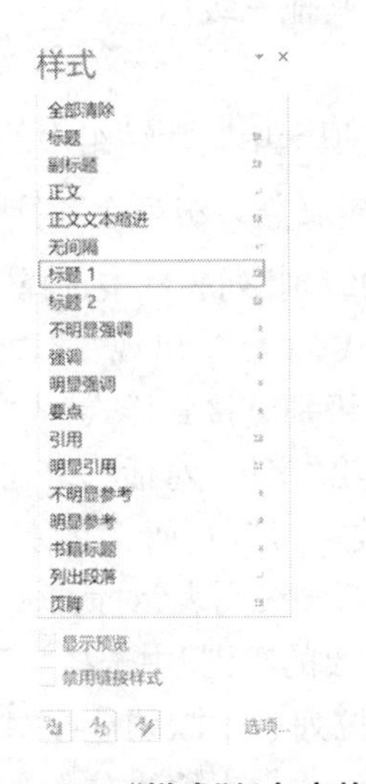

图 7-23　“样式”任务窗格

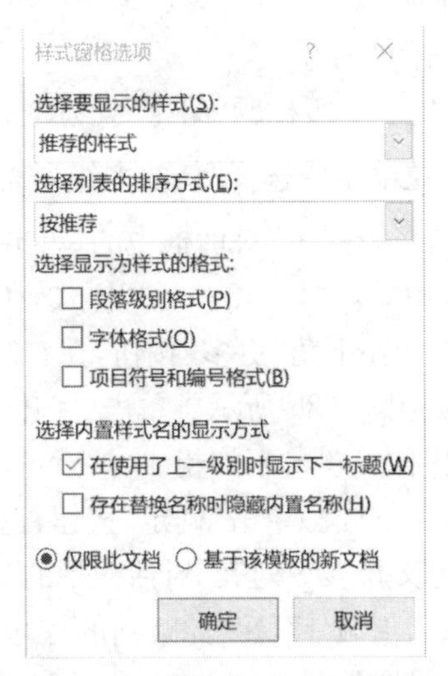

图 7-24　“样式窗格选项”对话框

⑦ 选"标题 2"样式后，单击"样式"组中的"标题 2"，设置"ASP.NET 介绍"字号为"小三号"，中西文字体为"黑体"，段落行距为"1.5 倍行距"，段前为"0 行"，段后为"0 行"，不加粗，颜色为"黑色"，左对齐，单击快速样式中的"标题 2"右边的 按钮，选择"更新标题 2 以匹配所选内容"按钮，如图 7－25 所示。

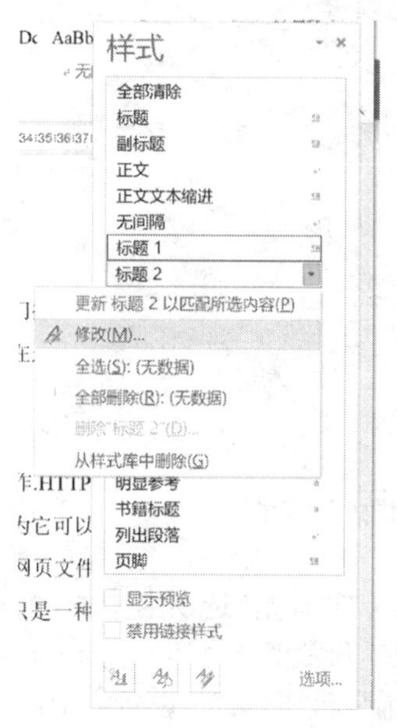

图 7－25　修改样式

⑧ 用"格式刷"工具将文中用蓝色标注的其他二级标题也设置成同样的格式，或者将光标定位在用蓝色标注的其他二级标题处，单击"标题 2"按钮。

⑨ 选中位于文档第 6 页的三级标题"物业管理的发展成因"，在"开始"选项卡的"样式"组中单击"快速样式"中的"标题 3"按钮。设置字号为"四号"，字体为"黑体"，段落行距为"1.5 倍行距"，段前为"0 行"，段后为"0 行"，不加粗，颜色为"黑色"，左对齐。更改标题"物业管理的发展成因"的格式"标题 3"。同样，更改文中用绿色标注的其他三级标题。

6. 设置多级标题编号

① 将光标定位于一级标题"绪论"处，单击"开始"选项卡中"段落"组中的"多级列表"按钮 ，在弹出的下拉菜单中选择"新的多级列表"，弹出"定义新多级列表"对话框。

② 在"定义新多级列表"对话框中的"单击要修改的级别"列表框中选择"1"，在"此级别编号样式"下拉列表中默认"1，2，3，……"样式，在"编号格式"中默认出现"1"，"文本缩进位置"设置为"0 厘米"。点击左下角"更多"按钮，在右侧设置"将级别链接到样式"为"标题 1"，"编号之后"选择"空格"，如图 7－26 所示。单击"字体"按钮，弹出"字体"对话框。在"字体"对话框中设置文字格式为黑体，三号，不加粗。（注意：这里的是数字"1"，是西文字体，设置成"黑体"或者"使用中文字体"，下同。）单击"确定"按钮，返回"定义新多级列表"对话框。

③ 继续在"定义新多级列表"对话框中的"单击要修改的级别"中选择"2"，此时在"输入编号的格式"中默认出现"1.1"，在"此级别的编号样式"下拉列表中默认选择"1、2、3……"样式，单击"字体"按钮，设置编号格式为黑体，小三号，不加粗。"文本缩进位置"设置为"0 厘米"，"对齐位置"设置为"0 厘米"。单击"更多"按钮，在右侧设置"将级别链接到样式"为"标题 2"，

“编号之后”选择“空格”，如图 7－27 所示。

④ 继续在“定义新多级列表”对话框中的“单击要修改的级别”中选择“3”，此时在“输入编号的格式”中默认出现“1.1.1”，在“此级别的编号样式”下拉列表中默认选择“1、2、3……”样式，单击“字体”按钮，设置编号格式为黑体，四号，不加粗。“文本缩进位置”设置为“0 厘米”，“对齐位置”设置为“0 厘米”。单击“更多”按钮，在右侧设置“将级别链接到样式”为“标题 3”，“编号之后”选择“空格”，如图 7－28 所示。单击“确定”按钮。

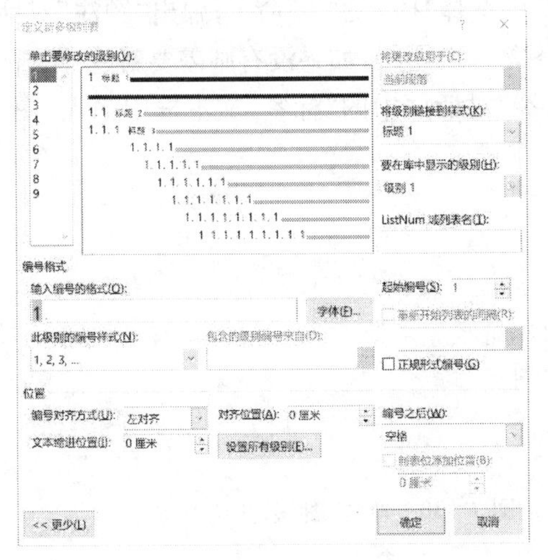

图 7－26　设置一级标题编号样式

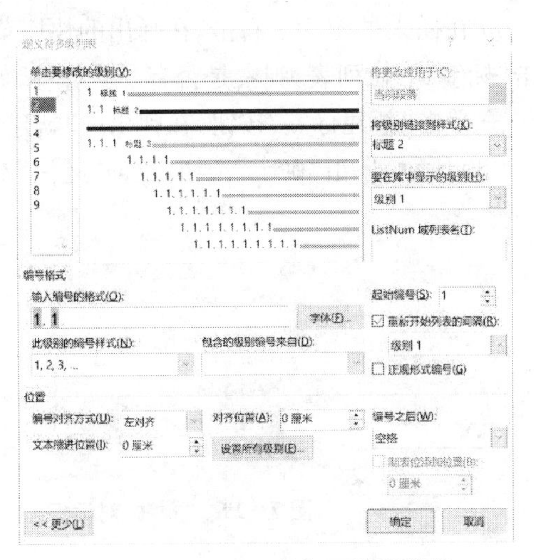

图 7－27　设置二级标题编号样式

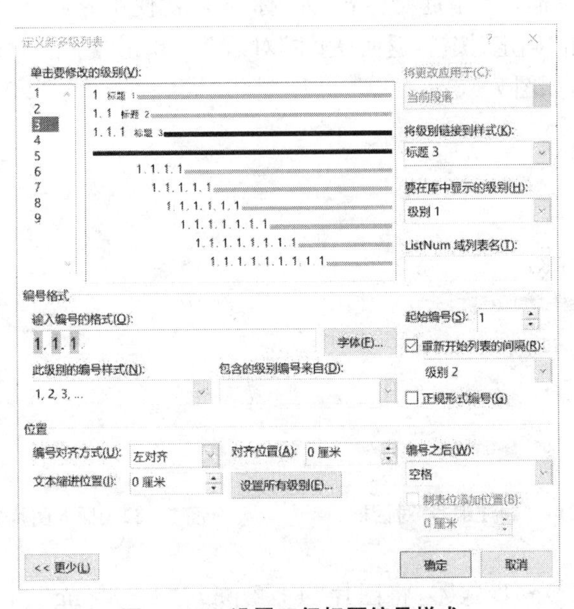

图 7－28　设置三级标题编号样式

注：

当“参考文献”“致谢”不需要进行标题编号时，可以单独删除。

7. 设置图片题注

设置图片的编号为“图 4.1,图 4.2,图 4.3,图 4.4,图 5.1,图 5.2,图 5.3,图 5.4”,并在正文中引用相应的标号。

① 将光标定位于“4.2.2 系统时序图”部分的空白居中处,在“插入”选项卡的“插图”组中单击“图片”按钮,在“插入图片”对话框中找到“实验 7”文件夹中的图片“4－1.png”,单击“插入”按钮。

② 在插入的图片上右击,在弹出的快捷菜单中选择“插入题注”命令,弹出“题注”对话框。单击“标签”下拉列表,观察是否有“图”标签,如图 7－29 所示,如果没有则需要新建“图”标签。

③ 单击“新建标签”按钮,在弹出的“新建标签”对话框中的“标签”文本框中输入“图”,如图 7－30 所示,单击“确定”按钮,返回“题注”对话框。

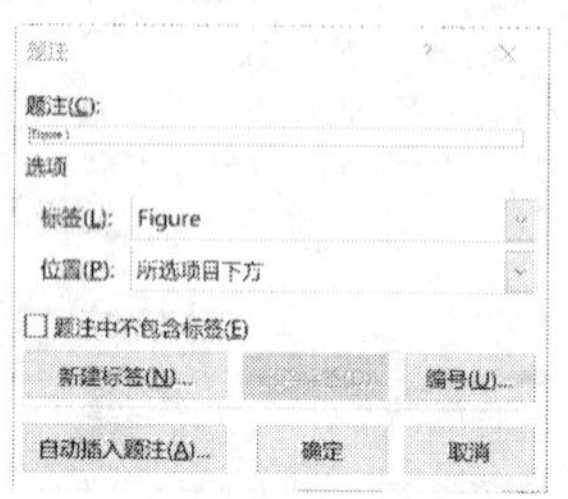

图 7－29 “题注”对话框

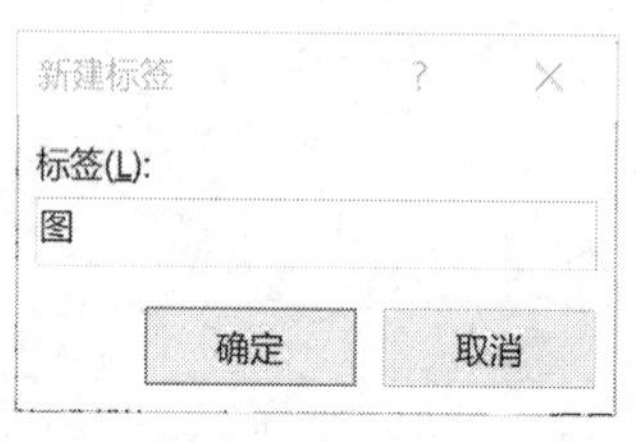

图 7－30 新建“图”标签

④ 下面开始设置图片编号,在“题注”对话框中单击“编号”按钮,弹出“题注编号”对话框。选中“包含章节号”复选框,“章节起始样式”为“标题 1”,“使用分隔符”为“.(句点)”,如图 7－31 所示,设置好后单击“确定”按钮,返回“题注”对话框。单击“题注”对话框的“确定”按钮,即为该图加上题注编号,如图 7－32。

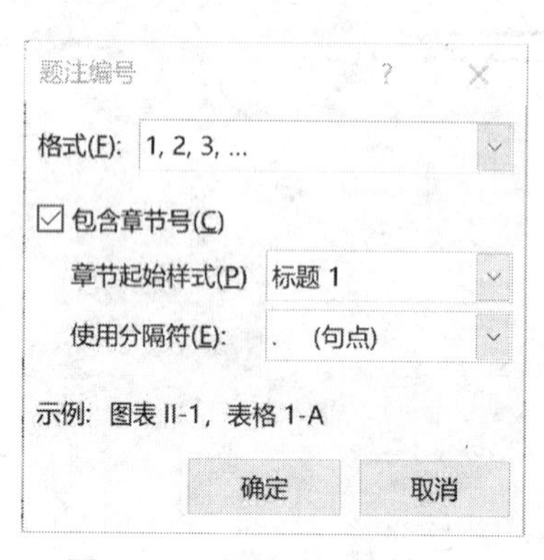

图 7－31 “题注编号”对话框

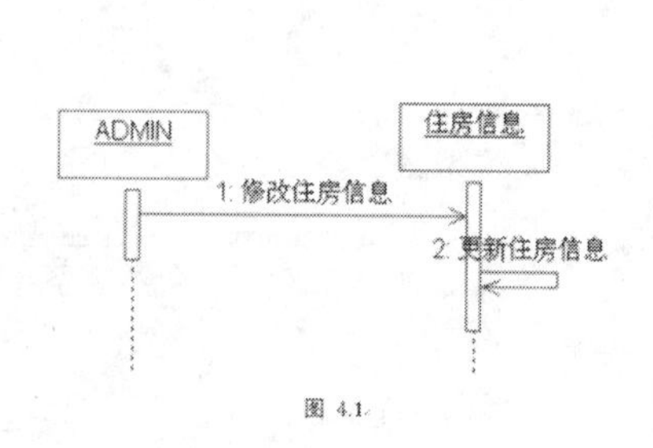

图 7－32 插入图片题注

⑤ 按照上述步骤①～步骤④,将图片“4－2.png”“4－3.png”“4－4.png”“5－1.png”“5－2.png”“5－3.png”“5－4.png”插入文档中用黄色底纹标注的下方,并分别插入题注。

8. 交叉引用功能

① 将光标定位于文档中“4.2.2 系统时序图”部分第一个黄色底纹标注的“如所示”的“如”字后面。

② 在“引用”选项卡的“题注”组单击“交叉引用”按钮,弹出“交叉引用”对话框,引用类型

为“图”,引用内容为“只有标签和编号”,引用的题注为“图 4.1”,如图 7-33 所示。单击“确定”按钮,即完成交叉引用功能。如图 7-34 所示。

图 7-33　“交叉引用”对话框

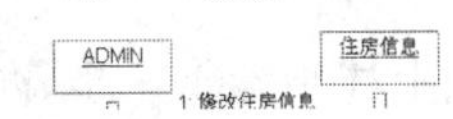

图 7-34　引用说明

③ 按照上述步骤设置剩余 7 幅图的交叉引用。

④ 此时,如果删除文档中的某一个插图,可以将图片的题注编号及交叉引用说明一起删除。选中整个文档,按 F9 键,Word 会自动更新图片编号及交叉引用说明中的编号。

9. 设置表格题注并交叉引用

设置图片的编号为“表 4.1,表 4.2,表 4.3”,并在正文中引用相应的编号。

① 选中“4.3.2 逻辑结构设计”节第一张表格,右击,在弹出的快捷菜单中选择“插入题注”命令,弹出“题注”对话框。单击“标签”下拉列表,观察是否有“表”标签,如果没有则需要新建“表”标签。

② 单击“新建标签”按钮,在弹出的“新建标签”对话框中的“标签”文本框中输入“表”,如图 7-35 所示,单击“确定”按钮,返回“题注”对话框。

③ 下面开始设置表格编号,在“题注”对话框中单击“编号”按钮,弹出“题注编号”对话框。选中“包含章节号”复选框,“章节起始样式”为“标题 1”,“使用分隔符”为“.(句点)”,设置好后单击“确定”按钮,返回“题注”对话框。选择“位置”为“所选项目上方”,如图 7-36。单击“题注”对话框的“确定”按钮,即为该表格加上题注编号,并设置其居中,如图 7-37。

④ 将光标定位于文档中“4.3.2 逻辑结构设计”部分第一个红色底纹标注的“详细信息见”的“见”字后面。在“引用”的选项卡的“题注”组单击“交叉引用”按钮,弹出“交叉引用”对话框,引用类型为“表”,引用内容为“只有标签和编号”,引用的题注为“表 4.1”,单击“确定”按钮,即完成交叉引用功能。如图 7-38 所示。

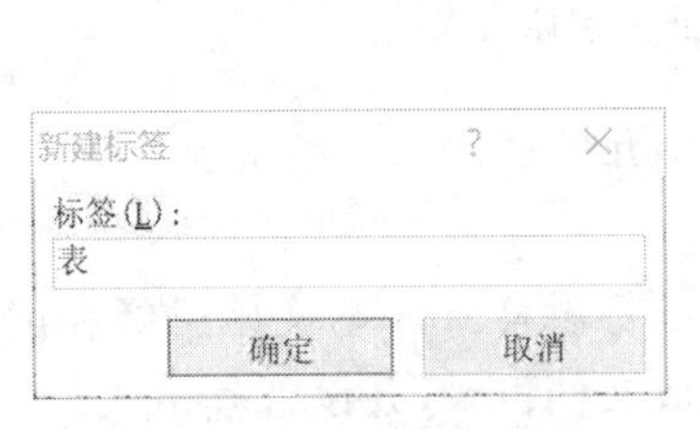

图 7-35　新建“表”标签

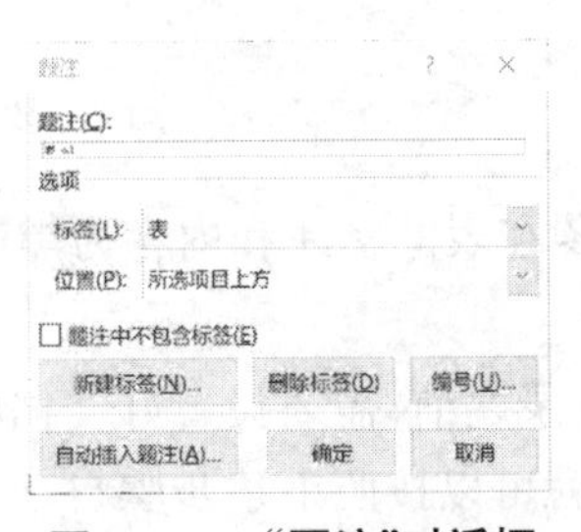

图 7-36　“题注”对话框

表 4.1

列名	类型	描述	备注
ID	int	用户 Id	主键 自增
name	varchar(20)	用户真实姓名	
UID	varchar(20)	用户名	

图 7－37　插入表格题注

（1）管理员属性表记录管理员的各种参数以及相关信息。在系统中只有管理员能对该表进行删除、插入、更新。详细信息见表 4.1。

图 7－38　引用说明

⑤ 按照上述步骤①～步骤④，将该章中的表格分别插入题注，并在红色底纹处交叉引用。

⑥ 此时，如果删除文档中的某一个表格，可以将表格的题注编号及交叉引用说明一起删除。选中整个文档，按 F9 键，Word 会自动更新表格编号及交叉引用说明中的编号。

10. 格式设置

① 将光标定位于第 3 页“系统的设计与实现”，设置其小二号黑体居中，与“摘要”空一行，段前段后 0.5 行，单倍行距。

② 设置“摘要”两个字之间空一格，居中三号黑体，段前段后 10 磅，单倍行距，大纲级别为“1 级”。

③“关键字：”设置为黑体四号字，关键字之间用中文的“；”隔开，顶格无缩进。

④ 摘要内容部分文字设置为楷体小四号字，首行缩进 2 个字符，1.5 倍行距；关键字楷体小四号字。

⑤ 第 4 页文字设置为新罗马字体；“design and implementation management system”设置成小二号字加粗居中，与“Abstract”空一行，段前段后 0.5 行，单倍行距；“Abstract”设置为三号加粗居中，段前段后 10 磅，单倍行距，大纲级别为“1 级”；“Key words：”四号字加粗，关键字之间用英文的“;”隔开，顶格无缩进；其余文字都设置为小四号字，英文摘要内容首行缩进 2 字符，1.5 倍行距。

⑥ 论文正文文字设置为中文宋体小四号，英文新罗马小四号，在字体对话框中设置如图 7－39。段落设置行距 20 磅，首行缩进 2 个字符，两端对齐。

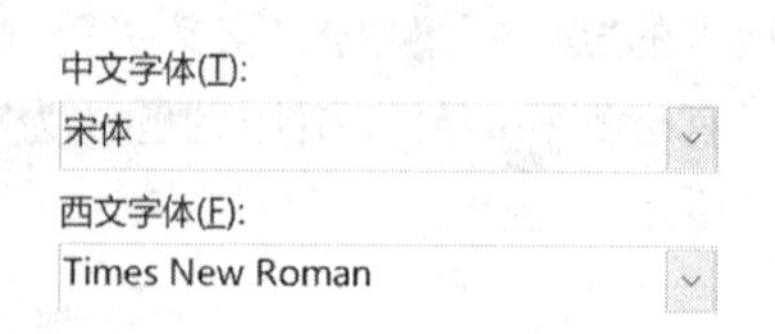

图 7－39　正文字体格式

⑦ 设置正文图和表的题注和内容为黑体小五号字。

11. 制作目录

制作长文档目录之前，需要设置好文档中的标题样式。本文档已经在前面步骤中设置好了标题样式，这里就可以按照下述步骤自动生成文档目录，并设置其格式。

① 将光标定位于文档第 2 页“目录”下空白行。单击“引用”选项卡中“目录”组中的“目

录”按钮，在弹出下拉列表中选择“自定义目录”命令。

② 弹出“目录”对话框，在常规区域中的“格式”下拉列表中选择“来自模板”，在“显示级别”中选择“2”，如图 7－40 所示。

③ 单击“确定”按钮，即可自动生成文档目录，如图 7－41 所示。

④ 设置“目录”两个字之间空一格，居中三号黑体，段前段后 10 磅，单倍行距。

⑤ 全选整个目录内容，设置其字体为宋体四号，行间距为固定值 24 磅。

图 7－40　“目录”对话框

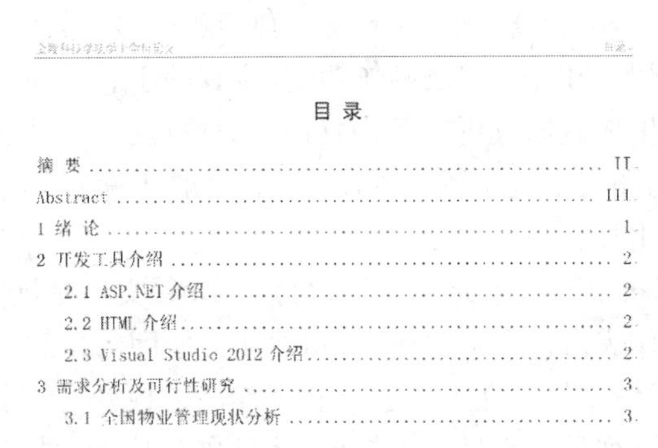

目 录

摘 要 II
Abstract III
1 绪 论 1
2 开发工具介绍 2
2.1 ASP.NET 介绍 2
2.2 HTML 介绍 2
2.3 Visual Studio 2012 介绍 2
3 需求分析及可行性研究 3
3.1 全国物业管理现状分析 3

图 7－41　文档目录效果

注：

如果需要更改已经生成的目录，可以在生成的目录处右击，在弹出的快捷菜单中选择“更新域”命令，弹出“更新目录”对话框，选择“更新整个目录”，如图 7－32 所示，即可对文档的目录进行更新。如果只是文档的页码有改动，选择“只更新页码”即可。

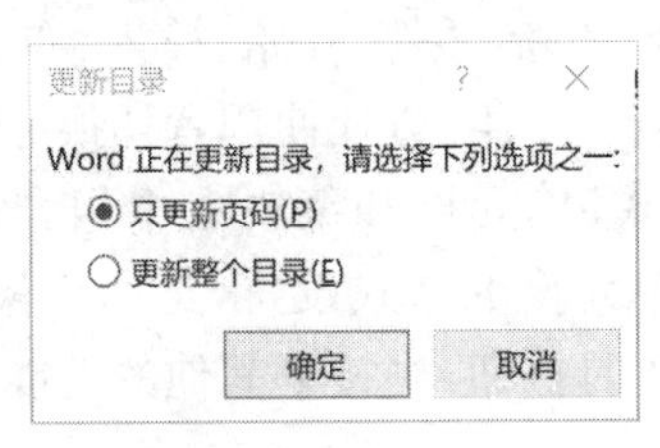

图 7－42　更新目录

第三章　电子表格处理软件 Excel 2016

电子表格处理软件用来处理由若干行和若干列所组成的表格，表格中每个单元格可以存放数值、文字、公式等，从而可以很方便地进行表格编辑、数值计算，甚至可以利用电子表格软件提供的公式及内部函数对数据进行分析、汇总等运算。

Microsoft Excel 2016 是一套功能完整、操作简易的电子表格处理软件，提供了丰富的函数及强大的图表、报表制作功能，能有助于有效地建立与管理资料。用户可以使用 Excel 跟踪数据，生成数据分析模型，编写公式对数据进行计算，以多种方式分析数据，并以各种具有专业外观的图表来显示数据。Excel 的一般用途包括会计专用、预算、账单和销售、报表、计划跟踪、使用日历等。

Excel 2016 管理的文档称为工作簿(文件扩展名为.xlsx)。一个工作簿中可以有数张工作表，工作表由行和列组成，行和列交叉处即为单元格。单元格可以存放数值、文字、日期、批注及格式信息等。在工作表的上面有每一栏的“列号”A、B、C、…，左边则有各列的“行号”1、2、3、…，将列号和行号组合起来，就是单元格的“地址”。单元格的引用是通过单元格地址表示的。例如：B3 表示第 3 行第 B 列单元格的相对地址；B3 表示第 3 行第 B 列单元格的绝对地址；B2:D4 表示 B2 单元格至 D4 单元格所组成的正方形区域内的所有单元格，称为单元格区域。

Excel 2016 的每一个新工作簿一般默认会有 1 张空白工作表，每一张工作表则会有标签(默认为 sheet1)，一般利用标签来区分不同的工作表。

Excel 2016 窗口上半部的面板称为功能区，放置了编辑工作表时需要使用的工具按钮。Excel 2016 中主要包含 8 个功能区，包括文件、开始、插入、布局、引用、邮件、审阅和视图。每个功能区根据功能的不同又分为若干个组，方便使用者切换、选用。例如“开始”功能区中包括剪贴板、字体、对齐方式、数字、样式、单元格和编辑七个组。该功能区主要用于帮助用户对 Excel 2016 表格进行文字编辑和单元格的格式设置，是用户最常用的功能区。开启 Excel 时默认显示的是“开始”功能区下的工具按钮，当按下其他的功能选项卡时，便会改变显示功能区所包含的群组按钮。

Excel 2016 为了避免整个画面太凌乱，有些功能区选项卡会在需要使用时才显示。例如当用户在工作表中插入了一个图表时，此时与图表有关的工具才会显示出来。

Excel 2016 具有如下主要功能：

(1) 数据输入及编辑功能

Excel 2016 不仅可在当前单元格中输入编辑数据，而且还可以在编辑栏中进行较长数据、公式的输入修改。Excel 2016 提供了同一数据行或列上快速填写重复的文字信息录入项，自动填充序数、自定义序列，利用剪贴板进行单元格内容、格式、批注的复制移动等操作，使用方便快捷。

(2) 表格格式设置

Excel 2016 提供了丰富的数据格式设置功能，可实现对数值、日期、文字、表格边框、图案等格式的设置。Excel 2016 默认字体是“等线”，用户使用过程中需要注意。

(3) 图表处理

Excel 2016 图表类型共有十多种,有二维图表和三维图表,每一类图表又有若干种子类型。建成的图表,可以在新出现的"图表工具"功能区进行图表数据区、图表选项等信息的修改,既可以方便地创建图表,还可以在图表上进行数据变化趋势分析,使得数据更加直观、清晰。

(4) 公式函数

公式函数是 Excel 强大计算功能之所在。在公式中可以进行加、减、乘、除、乘方等数值运算,等于、大于、小于、不等于等逻辑运算及字符串运算,函数较 Excel 2010 多。Excel 2016 提供了"墨迹公式",可以支持手动输入复杂的数学公式,如果有触摸设备,则可以使用手指或者触摸笔手动写入数学公式,Excel 2016 会将它转换为文本,并且还可以在进行过程中擦除、选择以及更正所写入的内容。

(5) 数据管理及分析

Excel 2016 可对数据列表进行排序、筛选、分类汇总操作,还可对数据列表进行数据透视操作,从不同角度分析统计数据,数据分析能力要比 Excel 2010 强。

(6) 其他功能

Excel 2016 取消了帮助,输入函数不再出现帮助链接。可以通过"操作说明搜索"框,输入需要执行的功能或者函数,即可快速显示该功能或函数帮助,方便用户使用。

本章以中文版 Excel 2016 为工具,通过"Excel 表格的基本操作""Excel 公式计算与图表建立"、"Excel 数据处理与汇总"3 个实验介绍了 Excel 2016 的填充柄自动输入序数、函数公式的应用、图表的创建、自定义序列排序、筛选和分类汇总、数据透视表的应用等操作方法。通过本单元的学习和练习,读者应当掌握 Excel 2016 常用功能的操作,加深对 Excel 数据处理功能的理解。

实验 8　Excel 表格的基本操作

一、实验要求

1. 掌握工作表的命名、复制、移动、删除。
2. 了解工作表窗口的拆分和冻结。
3. 掌握工作表中基本数据的输入编辑。
4. 掌握工作表的格式设置。
5. 了解保护和隐藏工作簿、工作表、单元格。

二、实验步骤

1. 工作表的基本操作

(1) 新建并保存工作簿

① 新建：启动 Excel 2016 程序，建立空白文件，默认文件名为“工作簿 1.xlsx”。

注：新建 Excel 文档的其他方法

在已打开的 Excel 文档的“文件”选项卡中选择“新建”，单击的“空白工作簿”。

② 保存：在“快速存取工具列”中，单击“保存”按钮，在弹出的“另存为”对话框中设置保存路径为“本地磁盘(F:)”，文件名为“销售发票”，保存类型为“Excel 工作簿(*.xlsx)”，设置完成后，单击“保存”。

注：

文档编辑或考试过程中要实时存盘。或者直接按 Ctrl+S 键即可。

(2) 工作表的命名和删除

① 工作表重命名：双击“Sheet1”，将其更名为“销售发票”。

② 新建工作表：单击 “销售发票”工作表右侧 销售发票 的加号，则新建了一个自动命名为“Sheet2”的工作表。

③ 删除工作表：单击选中的工作表标签“Sheet2”，在任意标签上右击，在弹出的菜单中选择“删除”。

注：保存 Excel 文档的其他方法

1. 在“文件”选项卡中选择“保存”。
2. 在“文件”选项卡中选择“另存为”。
3. 若要多张工作表选择，则先选中一张工作表名，再按住 Ctrl 或 Shift 键单击其他工作表，就可以同时选中这两张工作表。

注:工作表的其他操作

工作表重命名:在标签上右击,在弹出的菜单中选择“重命名”。

工作表复制:选择要复制的工作表,按住 Ctrl,在其标签上拖动选中的工作表到新的位置,松开鼠标,便复制了一张与原内容完全相同的工作表。

工作表移动:选择要移动的工作表,在其标签上拖动选中的工作表到新的位置,松开鼠标,工作表的位置就相应改变了。

工作表移动和复制:在标签上右击鼠标,在弹出的菜单中选择“移动或复制”,弹出“移动或复制工作表”,选择移动后的位置,单击“确定”;或者,选择“建立副本”,则在移动的同时建立副本工作表。

工作表保护:在需要保护的工作表标签上右击鼠标,在弹出的菜单中选择“保护”。或者,在“审阅”选项卡中选择“更改”功能区中的“保护工作表”按钮,在弹出“保护工作表”对话框中输入密码并再次输入,选择需要保护的内容,单击“确定”即可。保护操作过后,被保护的内容是无法进行修改的。

工作表隐藏:在需要隐藏的工作表标签上右击鼠标,在弹出的菜单中选择“隐藏”。“取消隐藏”,可同样在工作表标签上右击鼠标,即可取消。

工作表窗口的冻结:查看规模比较大的工作表时,比较表中的不同部分的数据会很困难,这时可以利用“视图”功能区的“冻结窗口”功能来固定窗口,将某几行或某几列的数据冻结起来,这样如果滚动窗口时,这几行或这几列数据就会被固定住,而不会随着其他单元格的移动而移动。

工作表窗口的拆分:编辑列数或者行数特别多的表格时,可以在不隐藏行或列的情况下将相隔很远的行或列移动到相近的地方,以便更准确地输入数据。使用时可以将窗口分开两栏或更多,以便同时观察多个位置的数据。

2. 在“销售发票”工作表中编辑文本和数据

在输入过程中不考虑单元格格式,如字体大小、对齐方式。

单击单元格 A1,输入“销售发票”并回车。同样,参考图 8-1 输入表格中剩余数据。

	A	B	C	D	E	F	G	H	I	J	K	L	M
1	销售发票												
2	地址:										2020年10月19日填发		
3	品名规格		单价	数量	价值	金额							
4						十	万	千	百	十	元	角	分
5													
6													
7													
8													
9													
10													
11	合计金额（大写）												
12	填制人:		经办人:			业户名称（盖章）							

图 8-1　输入数据

3. 工作表的基本格式设置

(1) 合并单元格

① 选择 A1:M1 单元格区域,单击“开始”选项卡中的“合并并居中”按钮;或者,选择 A1:M1 单元格区域,右击鼠标,在弹出的菜单中选择“设置单元格格式”,打开“设置单元格格式”对话框如图 8-2,选择“对齐”标签,设置复选框“合并单元格”。

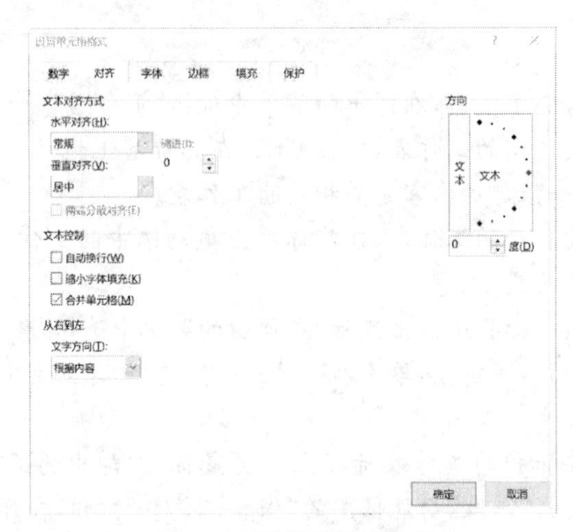

图 8-2　设置单元格格式

② 按照步骤①，将 A3:B4、C3:C4、D3:D4、E3:E4、B11:D11、F2:M2、F3:M3、A5:B5、A6:B6、A7:B7、A8:B8、A9:B9、A10:B10 单元格合并，得到如图 8-3 所示的效果。

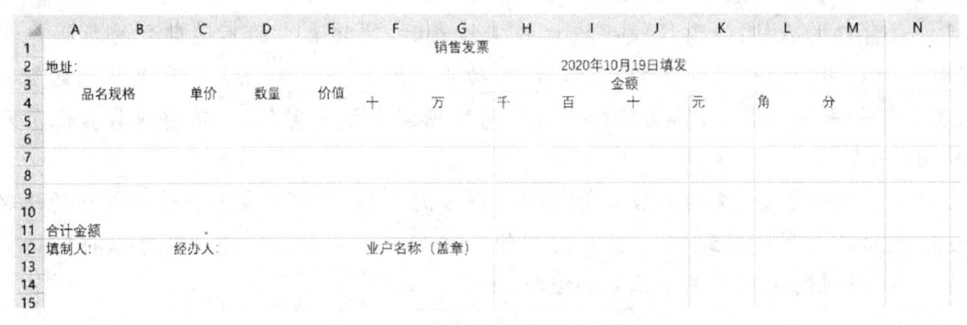

	A	B	C	D	E	F	G	H	I	J	K	L	M	N
1							销售发票							
2	地址:								2020年10月19日填发					
3	品名规格		单价	数量	价值					金额				
4						十	万	千	百	十	元	角	分	
5														
6														
7														
8														
9														
10														
11	合计金额													
12	填制人:		经办人:			业户名称（盖章）								
13														
14														
15														

图 8-3　单元格合并的效果

(2) 设置表格列宽

① 精确设置列宽：将鼠标移至列号处，选中 F 至 M 列，在任意列号上右击，在弹出的菜单中选择“列宽”。在弹出“列宽”对话框中设置数值为 2，单击“确定”按钮，得到如图 8-4 所示的效果。

	A	B	C	D	E	F	G	H	I	J	K	L	M
1				销售发票									
2	地址:					2020年10月19日填发							
3	品名规格		单价	数量	价值	金额							
4						十	万	千	百	十	元	角	分
5													
6													
7													
8													
9													
10													
11	合计金额												
12	填制人:		经办人:			业户名称（盖章）							
13													

图 8-4　精确设置列宽

② 粗略调整列宽：将光标置于列号 B 和 C 之间，按住鼠标左键向右拖动，以增宽列 B。

(3) 设置表格行高

① 精确设置行高：单击行号和列表左上角的方块，选中整个工作表；或者，将鼠标移至行号处，选中 1 至 12 行。在任意行号位置右击，在弹出的菜单中选择“行高”。在弹出的“行高”对话框中设置数值为 11.5，单击“确定”按钮。

② 粗略调整行高：将光标置于行号 1 和 2 之间，按住鼠标左键向下拖动，以增加行 1 的高度；同样方法，调整行 11 的高度，得到如图 8-5 所示的效果。

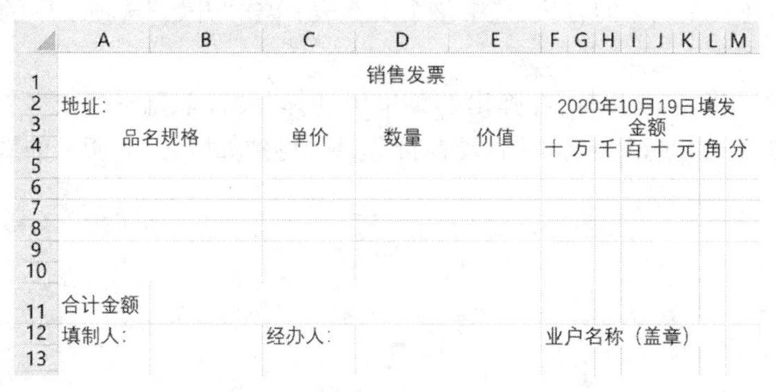

图 8-5　调整行高

> **注：隐藏行和列**
>
> 在需要隐藏的行号或者列号处右击鼠标，在弹出的菜单中选择“隐藏”命令即可；同样，可以取消隐藏。

(4) 设置单元格属性

① 数字格式的设置。

设置日期格式：在单元格中输入 39668，然后设置其数字格式为“日期”，得到 2008 年 8 月 8 日。

设置时间格式：在单元格中输入 0.505648148148148，然后设置其数字格式为“时间”，得到 12:08:08PM。

设置百分比格式：在单元格中输入 0.0459，然后设置其数字格式为“百分比”，得到 4.59%。

设置分数格式：在单元格中输入 0.6125，然后设置其数字格式为“分数”，得到 49/80。

设置数值格式：在单元格中输入 -17850，然后设置其数字格式为“数值”，得到 -17850.000。

设置货币格式：在单元格中输入 5431231.35，然后设置其数字格式为“货币”，得到 ￥5,431,231.35。

设置特殊格式：在单元格中输入 123456，然后设置其数字格式为“特殊”，得到“壹拾贰万叁仟肆佰伍拾陆”。

设置自定义格式：

在单元格中输入 4008123123，然后设置其数字格式为“自定义”，具体参数为“＃＃＃-＃＃＃＃＃＃＃”，得到 400-8123123 的电话号码格式。

在单元格中输入 2112345678，然后设置其数字格式为“自定义”，具体参数为“(0＃＃)＃＃＃＃＃＃＃＃”，得到(021)12345678 的电话号码格式。

在单元格中输入 183，然后设置其数字格式为“自定义”，具体参数为“＃”米“00”，得到“1

米 83”的身高格式。

在单元格中输入 0.000149074，然后设置其数字格式为“自定义”，具体参数为“s.00!”，得到 12.88”的以“秒”为单位的格式。

在单元格中输入 271180，然后设置其数字格式为“自定义”，具体参数为“0!.0,”“万”，得到“27.1 万”的以“万”为单位的格式。

② 设置对齐方式。

单击行号和列表左上角的方块，选中整个工作表，单击“开始”选项卡中的“垂直居中”按钮和“居中”按钮。

单击 A11 单元格，右击鼠标，在弹出的菜单中选择“设置单元格格式”，打开“设置单元格格式”对话框如图 8－2，选中复选框“自动换行”选项，得到如图 8－6 所示的效果。

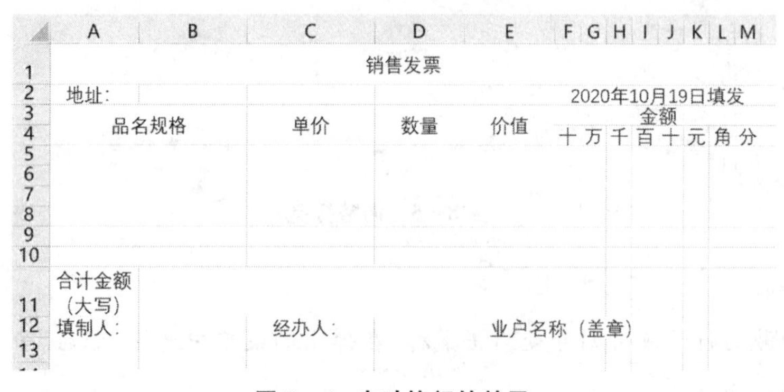

图 8－6　自动换行的效果

③ 设置字体属性。

选中整个工作表，在“开始”选项卡“字体”功能区中设置字号为 9，字体为宋体。

选择 A1:M4 单元格区域，在“开始”选项卡“字体”功能区中单击“加粗”按钮。

选择 A1 单元格，在“开始”选项卡“字体”功能区中设置字号为 14，字体为“楷体”，得到如图 8－7 所示的效果。

④ 设置边框属性。

选中整个工作表，在“开始”选项卡“字体”功能区中，单击“边框”按钮右侧箭头。在展开的选项中选择“其他边框”，弹出“设置单元格格式”对话框，显示“边框”选项卡。设置“颜色”为“白色，背景 1”，然后单击“外边框”“内部”按钮，再单击“确定”。

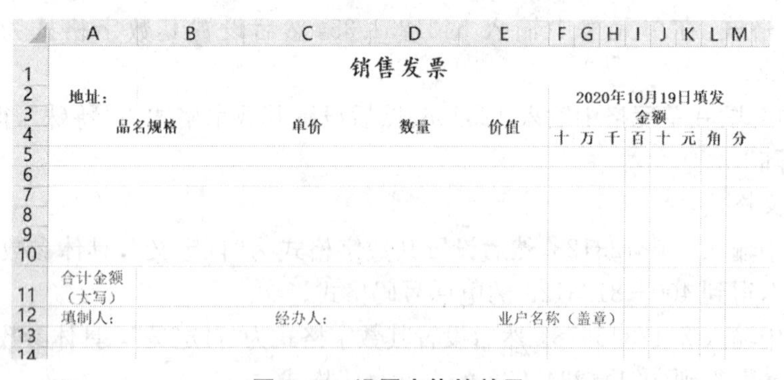

图 8－7　设置字体的效果

选择 A3:M11 单元格区域，同样打开“设置单元格格式”对话框，显示“边框”选项卡。设置“颜色”为“自动”，在“线条”区域中选择右侧最粗的实线选项，单击“外边框”按钮。在当前对话框，同时设置“颜色”为“自动”，在“线条”区域中选择左侧的细实线，单击“内边框”按钮，如图 8－8 所示。最后单击“确定”按钮，得到如图 8－9 所示的效果。

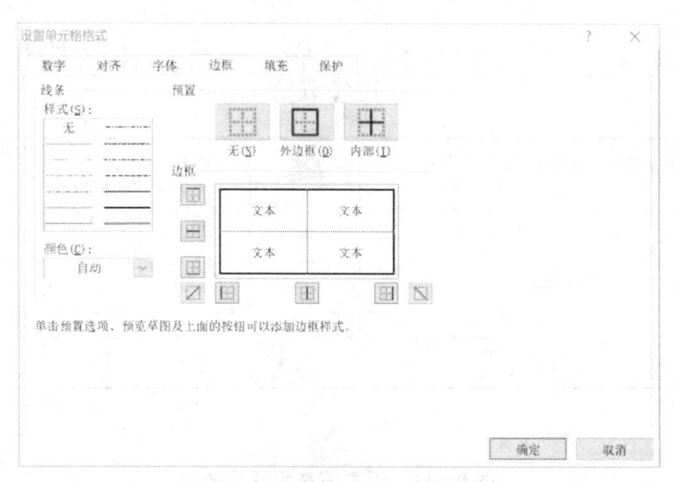

图 8－8　设置边框对话框

	A	B	C	D	E	F	G	H	I	J	K	L	M
1	销售发票												
2	地址:					2020年10月19日填发							
3	品名规格		单价	数量	价值	金额							
4						十	万	千	百	十	元	角	分
5													
6													
7													
8													
9													
10													
11	合计金额（大写）												
12	填制人:		经办人:		业户名称（盖章）								
13													

图 8－9　设置边框的效果

选择 A3:M4 单元格区域，同样打开“设置单元格格式”对话框，显示“边框”选项卡。在“线条”区域中选择双线的选项，单击预览区域“边框”处的下边框按钮，最后单击“确定”按钮，得到如图 8－10 所示的效果。

	A	B	C	D	E	F	G	H	I	J	K	L	M
1	销售发票												
2	地址:					2019年3月29日填发							
3	品名规格		单价	数量	价值	金额							
4						十	万	千	百	十	元	角	分
5													
6													
7													
8													
9													
10													
11	合计金额（大写）												
12	填制人:		经办人:		业户名称（盖章）								
13													

图 8－10　设置部分边框的效果

⑤ 设置填充属性。

选择 A3:M4 单元格区域，在“开始”选项卡“字体”功能区中，选择“填充”按钮 的右侧箭头。在展开的选项中选择“白色，背景 1，深色 15%”的底纹。

同样，选择 B11 单元格，设置同样的填充色，得到如图 8－11 所示的效果。

	A	B	C	D	E	F	G	H	I	J	K	L	M
1	销售发票												
2	地址:					2020年10月19日填发							
3	品名规格		单价	数量	价值	金额							
4						十	万	千	百	十	元	角	分
5													
6													
7													
8													
9													
10													
11	合计金额（大写）												
12	填制人:		经办人:		业户名称（盖章）								
13													

图 8－11　设置填充属性的效果

注：设置单元格格式

右击鼠标，在弹出的菜单中选择“设置单元格格式”命令，在弹出的“设置单元格格式”对话框中，均可设置单元格格式的数字格式、对齐方式、字体属性、边框与填充属性等。

同样，在“设置单元格格式”对话框中，可以根据需要设置“保护”和“隐藏”单元格。

4. 工作表审阅、保护

① 添加批注：选择 B11 单元格，右击鼠标，从快捷菜单中选择“插入批注”命令，弹出批注文本框。在批注文本框中输入“金额需大写”，得到如图 8－12 所示的效果。

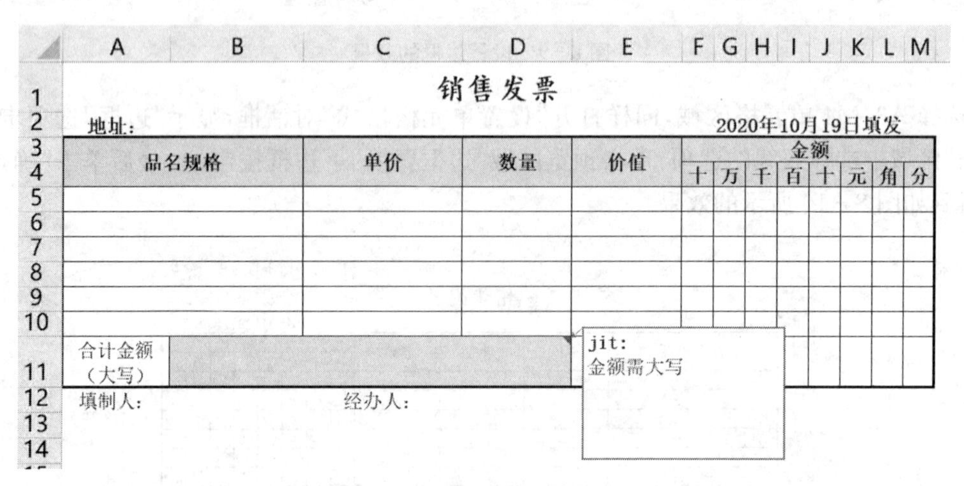

	A	B	C	D	E	F	G	H	I	J	K	L	M
1	销售发票												
2	地址:					2020年10月19日填发							
3	品名规格		单价	数量	价值	金额							
4						十	万	千	百	十	元	角	分
5													
6													
7													
8													
9													
10													
11	合计金额（大写）				jit: 金额需大写								
12	填制人:		经办人:										
13													
14													

图 8－12　设置批注的效果

② 保护工作表：在“审阅”选项卡“更改”功能区中，选择“保护工作表”，弹出“保护工作表”对话框，如图 8 - 13 所示，输入密码和确认密码后，该工作表就无法进行修改、删除了。

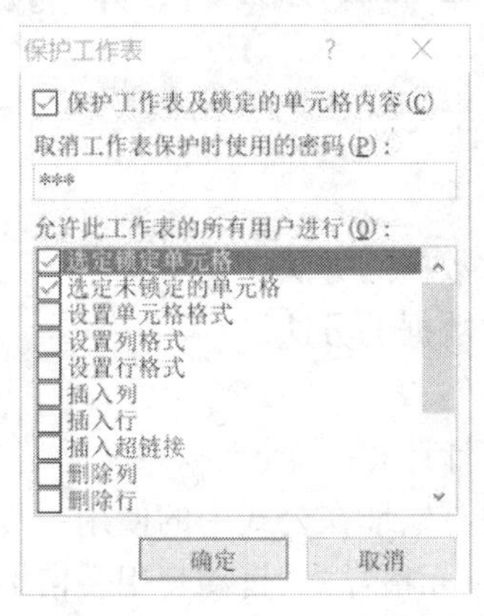

图 8 - 13　保护工作表效果

实验 9　Excel 公式计算与图表建立

一、实验要求

1. 掌握利用填充柄自动输入数据的方法。
2. 掌握访问不同格式文件中数据的方法。
3. 掌握数据的分列和合并操作。
4. 掌握利用函数公式进行统计计算。
5. 掌握单元格绝对地址和相对地址在公式中的使用。
6. 掌握设置条件格式、使用单元格样式、自动套用表格格式等方法。
7. 掌握图表的建立、编辑和修改以及修饰操作。
8. 掌握工作表的页面设置、打印预览和打印、工作表中链接的建立操作。

二、实验步骤

1. 实验工作表的准备

(1) 新建并保存工作簿

启动 Excel 2016 程序，建立空白文件，默认文件名为“工作簿 1.xlsx”。单击“保存”按钮，在弹出的“另存为”对话框中设置保存路径为“本地磁盘(F:)”，文件名为“学生成绩表”，保存类型为“Excel 工作簿(*.xlsx)”，设置完成后，单击“保存”。

(2) 表中标题的输入

单击单元格 A1，输入“某校学生成绩表”并回车。同样在 A2:I2 单元格区域内输入“学号”“组别”“数学”“语文”“英语”“总成绩”“总成绩排名”“平均成绩”“二组人数”，在 I4 单元格中输入“二组总成绩”，在 I6 单元格中输入“最高平均成绩”。

(3) 利用填充柄自动输入学号、组别

在单元格 A3、A4 中分别输入“A001”和“A002”。选择单元格区域 A3:A4，鼠标移至区域右下角，待鼠标形状由空心十字变为实心十字时，向下拖动鼠标至 A12 单元格时放开鼠标。

同样，在“组别”标题下，当连续输入的组别相同时，也可以使用填充柄输入，输入内容如图 9-1。

	A	B	C	D	E	F	G	H	I	J
1	某校学生成绩表									
2	学号	组别	数学	语文	英语	总成绩	总成绩排名	平均成绩	二组人数	
3	A001	一组								
4	A002	一组							二组总成绩	
5	A003	一组								
6	A004	二组							最高平均成绩	
7	A005	一组								
8	A006	二组								
9	A007	一组								
10	A008	二组								
11	A009	一组								
12	A010	二组								
13										
14										

图 9-1　利用填充柄输入第一、第二列内容

（4）剩余数据导入

打开素材“学生成绩.txt”，工作表中学生的成绩需要从文本文件导入。有以下两种方法。

方法一：

① 选中 C3 单元格，在“数据”选项卡“获取外部数据”功能区中，选择“自文本”按钮 自文本，弹出“导入文本文件”对话框。选择素材“学生成绩.txt”文件，单击“导入”按钮。

② 弹出“文本导入向导”，在第一步中的“导入起始行”改为 2，单击“下一步”。对话框第二步直接单击“下一步”，在对话框第三步中单击“完成”，在弹出的对话框中单击“确定”得到如图 9－2 所示的结果。

	A	B	C	D	E	F	G	H	I	J
1	某校学生成绩表									
2	学号	组别	数学	语文	英语	总成绩	总成绩排名	平均成绩	二组人数	
3	A001	一组	87	95	91					
4	A002	一组	98	93	89				二组总成绩	
5	A003	一组	83	97	83					
6	A004	二组	85	87	85				最高平均成绩	
7	A005	一组	78	77	76					
8	A006	二组	76	81	82					
9	A007	一组	93	84	87					
10	A008	二组	95	83	86					
11	A009	一组	74	83	85					
12	A010	二组	89	84	92					
13										
14										

图 9－2　导入文本文件的效果

方法二：

① 打开素材“学生成绩.txt”文件，复制除标题行的所有数据，在当前工作表中的 C3 单元格处粘贴，得到如图 9－3 所示的结果。可以看出，复制进来的数据都粘贴在 C 列，需要分离数据。

	A	B	C	D	E	F	G	H	I
1	某校学生成绩表								
2	学号	组别	数学	语文	英语	总成绩	总成绩排名	平均成绩	二组人数
3	A001	一组	87 95 91						
4	A002	一组	98 93 89						二组总成绩
5	A003	一组	83 97 83						
6	A004	二组	85 87 85						最高平均成绩
7	A005	一组	78 77 76						
8	A006	二组	76 81 82						
9	A007	一组	93 84 87						
10	A008	二组	95 83 86						
11	A009	一组	74 83 85						
12	A010	二组	89 84 92						
13									
14									

图 9－3　复制数据粘贴效果

② 选择 C3:C12 单元格区域，在“数据”选项卡“数据工具”功能区中，单击“分列”按钮 分列，弹出“文本分列”对话框，单击“下一步”。在对话框第二步直接单击“下一步”，在对话框第三步中单击“完成”，也可以得到如图 9－2 所示的结果。

注:合并数据

有分列就有合并,如果需要将Excel表格中的多列数据显示到一列中,可以用合并函数来实现。例如,将B列数据和C列数据组合显示到D列中(数据之间添加一个"—"符号)。选择D1单元格,输入公式"=B1&"—"&C1",回车;用"填充柄"将其复制到D列下面的单元格中即可。如果把上述公式修改为:=CONCATENATE(B1,"—",C1),同样可以达到合并的目的。

注:不同文件类型中的数据导入

1. Word文档和网页文档中的表格数据,可直接复制粘贴至Excel文档中。

2. 数据库文件(如文件类型为".dbf")中的数据是无法直接复制粘贴的。需要"新建"一个Excel文档,在"文件"选项卡中选择"打开"命令,文件类型改为".dbf",选择该数据库文件,按"打开"按钮,即可在Excel文档中打开数据库文件。

(5) 单元格格式设置

选中整张表格,设置为宋体。选择A1单元格,设置其"字号"为19。选择A1:H1单元格区域,调出"设置单元格格式"对话框。选择"对齐"选项卡,在"水平对齐"处选择"跨列居中",单击"确定",得到如图9-4所示的结果。

	A	B	C	D	E	F	G	H	I
1	某校学生成绩表								
2	学号	组别	数学	语文	英语	总成绩	总成绩排	平均成绩	二组人数
3	A001	一组	87	95	91				
4	A002	一组	98	93	89				二组总成绩
5	A003	一组	83	97	83				
6	A004	二组	85	87	85				最高平均成绩
7	A005	一组	78	77	76				
8	A006	二组	76	81	82				
9	A007	一组	93	84	87				
10	A008	二组	95	83	86				
11	A009	一组	74	83	85				
12	A010	二组	89	84	92				
13									
14									

图9-4 单元格的设置

注:

注意区分"跨列居中"与"合并单元格"后水平居中的效果。

2. Excel的公式和函数使用

(1) 计算所有学生的"总成绩",保留小数点后0位。

① 方法一:选择F3单元格,输入公式"=C3+D3+E3",并回车;或者单击公式编辑栏左侧的"输入"按钮 。得到图9-5所示的结果。

方法二:选择F3单元格,在"公式"选项卡中选择"函数库"功能区,单击"插入函数"按钮 ,选择常用函数中的"SUM"函数,单击"确定"。弹出"函数参数"对话框如图9-6,单击Number1框右边的按钮 ,折叠对话框,选择求和区域"C3:E3"后,单击被缩小的"函数参数"对话框右边按钮 ,展开对话框,再选择"确定",得到如图9-7所示的结果。

F3　=C3+D3+E3

	A	B	C	D	E	F	G	H	I	J
1	某校学生成绩表									
2	学号	组别	数学	语文	英语	总成绩	总成绩排	平均成绩	二组人数	
3	A001	一组	87	95	91	273				
4	A002	一组	98	93	89				二组总成绩	
5	A003	一组	83	97	83					
6	A004	二组	85	87	85				最高平均成绩	
7	A005	一组	78	77	76					
8	A006	二组	76	81	82					
9	A007	一组	93	84	87					
10	A008	二组	95	83	86					
11	A009	一组	74	83	85					
12	A010	二组	89	84	92					
13										

图 9-5　输入公式的结果

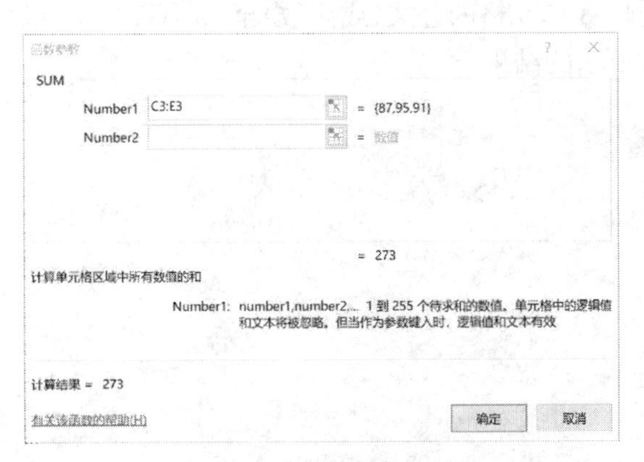

图 9-6　函数参数对话框

F3　=SUM(C3:E3)

	A	B	C	D	E	F	G	H	I	J
1	某校学生成绩表									
2	学号	组别	数学	语文	英语	总成绩	总成绩排	平均成绩	二组人数	
3	A001	一组	87	95	91	273				
4	A002	一组	98	93	89				二组总成绩	
5	A003	一组	83	97	83					
6	A004	二组	85	87	85				最高平均成绩	
7	A005	一组	78	77	76					
8	A006	二组	76	81	82					
9	A007	一组	93	84	87					
10	A008	二组	95	83	86					
11	A009	一组	74	83	85					
12	A010	二组	89	84	92					
13										
14										

图 9-7　函数使用的结果

注：

Excel 中输入公式的所有符号必须是英文符号。

注意区分图 9－5 与图 9－7 中的公式编辑栏中的区别，以及 F3 单元格内容。

② 利用填充柄复制 F3 单元格的公式(或函数)至 F4:F12，完成每个学生"总成绩"的计算。

③ 选择 F3:F12 单元格区域，调出"设置单元格格式"对话框，在"数字"选项卡中单击"数值"，设置小数位数为"0"。

注：

求和时不会产生小数点，如果题目要求设置小数位数为"0"，则需要上述第③步骤，否则考试系统中不给分。

(2) 按"总成绩"的降序次序计算"总成绩排名"列的内容

① 选择 G3 单元格，输入公式"＝RANK(F3，F3：F12)"，并回车。

② 利用填充柄复制 G3 单元格的公式(或函数)至 G4:G12，完成每个学生"总成绩排名"的计算，得到如图 9－8 所示的结果。

	A	B	C	D	E	F	G	H	I
1	某校学生成绩表								
2	学号	组别	数学	语文	英语	总成绩	总成绩排名	平均成绩	二组人数
3	A001	一组	87	95	91	273	2		
4	A002	一组	98	93	89	280	1		二组总成绩
5	A003	一组	83	97	83	263	6		
6	A004	二组	85	87	85	257	7		最高平均成绩
7	A005	一组	78	77	76	231	10		
8	A006	二组	76	81	82	239	9		
9	A007	一组	93	84	87	264	4		
10	A008	二组	95	83	86	264	4		
11	A009	一组	74	83	85	242	8		
12	A010	二组	89	84	92	265	3		
13									

图 9－8　排名计算的结果

注：

RANK 函数返回一个数字在数字列表中的排位，数字的排位是其大小与列表中其他值的比值(如果列表已排过序，则数字的排位就是它当前的位置)。该函数的语法结构为 RANK(number，ref，order)：number 为需要找到排位的数字；ref 为数字列表数组或对数字列表的引用(ref 中的非数值型参数将被忽略)；order 为一数字，指明排位的方式，如果 order 为 0(零)或省略，对数字的排位是基于参数 ref 按照降序排列的列表，如果 order 不为零，对数字的排位是基于参数 ref 按照升序排列的列表。

注：

注意绝对地址和相对地址在使用过程中的区别，尤其在利用填充柄复制公式时不同的作用。

(3) 计算每个学生的“平均成绩”，并保留 2 位小数点

① 选择 H3 单元格，输入公式“=F3/3”，并回车；或者，单击“插入函数”按钮 f_x，在对话框中选择“常用函数”AVERAGE，并“确定”。同样在“函数参数”对话框中选择 Number1 中求平均值区域“C3:E3”即可。

② 利用填充柄复制 H3 单元格的公式(或函数)至 H4:H12，完成每个学生 “平均成绩”的计算。

③ 选择 H3:H12 单元格区域，利用“开始”选项卡中选择“数字”功能区的“增加小数位数”按钮 ←.0 .00 和“减少小数位数”按钮 .00 →.0，设置平均成绩保留 2 位小数；或者调出“设置单元格格式”对话框，选择“数字”选项卡，单击“数值”，设置小数位数为“2”。得到如图 9－9 所示的结果。

(4) 利用函数计算“二组学生人数”“二组学生总成绩”和“最高平均成绩”

① 计算“二组学生人数”：选择 I3 单元格，输入函数“=COUNTIF(B3:B12，“二组”)”后回车即可。

② 计算“二组学生总成绩”：选择 I5 单元格，输入函数“=SUMIF(B3:B12，“二组”，F3:F12)”后回车即可。

③ 计算“最高平均成绩”：选择 I7 单元格，输入函数“=MAX(H3:H12)”后回车即可。

得到如图 9－10 所示的结果。

	A	B	C	D	E	F	G	H	I	J
1	某校学生成绩表									
2	学号	组别	数学	语文	英语	总成绩	总成绩排名	平均成绩	二组人数	
3	A001	一组	87	95	91	273	2	91.00		
4	A002	一组	98	93	89	280	1	93.33	二组总成绩	
5	A003	一组	83	97	83	263	6	87.67		
6	A004	二组	85	87	85	257	7	85.67	最高平均成绩	
7	A005	一组	78	77	76	231	10	77.00		
8	A006	二组	76	81	82	239	9	79.67		
9	A007	一组	93	84	87	264	4	88.00		
10	A008	二组	95	83	86	264	4	88.00		
11	A009	一组	74	83	85	242	8	80.67		
12	A010	二组	89	84	92	265	3	88.33		
13										
14										

图 9－9　计算“平均成绩”

	A	B	C	D	E	F	G	H	I	J
1	某校学生成绩表									
2	学号	组别	数学	语文	英语	总成绩	总成绩排名	平均成绩	二组人数	
3	A001	一组	87	95	91	273	2	91.00	4	
4	A002	一组	98	93	89	280	1	93.33	二组总成绩	
5	A003	一组	83	97	83	263	6	87.67	1025	
6	A004	二组	85	87	85	257	7	85.67	最高平均成绩	
7	A005	一组	78	77	76	231	10	77.00	93.33	
8	A006	二组	76	81	82	239	9	79.67		
9	A007	一组	93	84	87	264	4	88.00		
10	A008	二组	95	83	86	264	4	88.00		
11	A009	一组	74	83	85	242	8	80.67		
12	A010	二组	89	84	92	265	3	88.33		
13										

图 9－10　计算“二组学生人数”“二组学生总成绩”和“最高平均成绩”

注：

COUNTIF 函数可以统计单元格区域中满足给定条件的单元格的个数。该函数语法结构为 COUNTIF(rage,criteria)，参数 range 表示需要统计其中满足条件的单元格数目的单元格区域；criteria 表示指定的统计条件，其形式可以为数字、表达式、单元格引用或文本。在运用 COUNTIF 函数时要注意，当参数 criteria 为表达式或文本时，必须用双引号引起来，否则将提示出错。

注：

SUMIF 函数的用法是根据指定条件对若干单元格、区域或引用求和。该函数语法是：SUMIF(range,criteria,sum_range)，参数 range 为条件区域，用于条件判断的单元格区域；参数 criteria 是求和条件，由数字、逻辑表达式等组成的判定条件；参数 sum_range 为实际求和区域，需要求和的单元格、区域或引用。当省略参数 sum_range 时，则条件区域就是实际求和区域。

3. 设置单元格、表格样式

(1) 利用条件格式设置单元格格式

利用条件格式将 C3:E12 区域内数值大于或等于 85 的单元格的字体颜色设置为红色，执行如下操作。

① 选择 C3:E12 单元格区域，在“开始”选项卡中选择“样式”功能区，单击“条件格式”按钮下方箭头，在展开的选项中选择“突出显示单元格规则”中的“其他规则”，弹出“新建格式规则”对话框，如图 9-11。

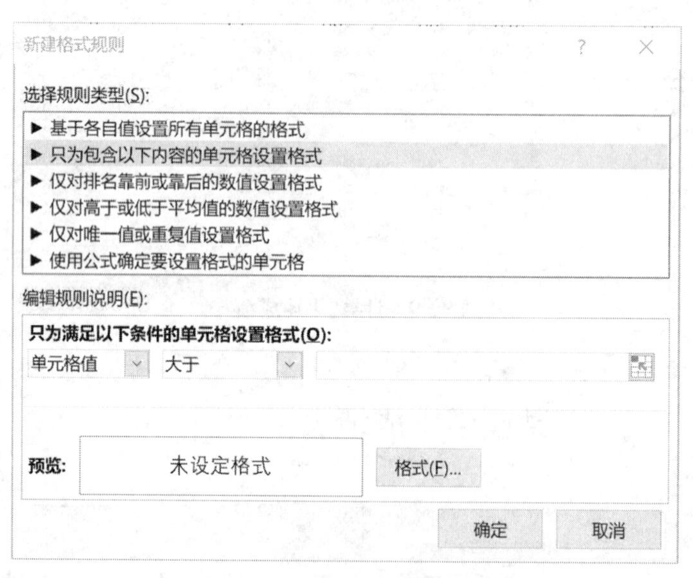

图 9-11　条件格式设置单元格

② 在“新建格式规则”对话框中，“编辑规则说明”中左边选项默认“单元格值”，中间选项选择“大于等于”，右边选项中输入“85”。单击“格式”按钮，弹出“设置单元格格式”对话框，如图 9-12。

③ 在“设置单元格格式”对话框中，选择“颜色”为“红色”，单击“确定”。在“新建格式规

则”对话框中，单击“确定”。得到如图 9－13 所示的效果。

图 9－12　设置单元格格式

	A	B	C	D	E	F	G	H	I	J
1	某校学生成绩表									
2	学号	组别	数学	语文	英语	总成绩	总成绩排名	平均成绩	二组人数	
3	A001	一组	87	95	91	273	2	91.00	4	
4	A002	一组	98	93	89	280	1	93.33	二组总成绩	
5	A003	一组	83	97	83	263	6	87.67	1025	
6	A004	二组	85	87	85	257	7	85.67	最高平均成绩	
7	A005	一组	78	77	76	231	10	77.00	93.33	
8	A006	二组	76	81	82	239	9	79.67		
9	A007	一组	93	84	87	264	4	88.00		
10	A008	二组	95	83	86	264	4	88.00		
11	A009	一组	74	83	85	242	8	80.67		
12	A010	二组	89	84	92	265	3	88.33		
13										

图 9－13　条件格式设置单元格结果

(2) 设置单元格样式

设置“总成绩”列单元格样式为“数据和模型”中的“计算”，执行如下操作。

选择 F2:F12 单元格区域，在“开始”选项卡中选择“样式”功能区，单击“样式”的下拉箭头，在展开的选项中选择“数据和模型”中的“计算”，如图 9－14，得到如图 9－15 所示的效果。

图 9-14　设置单元格样式

	A	B	C	D	E	F	G	H	I
1	某校学生成绩表								
2	学号	组别	数学	语文	英语	总成绩	总成绩排名	平均成绩	二组人数
3	A001	一组	87	95	91	273	2	91.00	4
4	A002	一组	98	93	89	280	1	93.33	二组总成绩
5	A003	一组	83	97	83	263	6	87.67	1025
6	A004	二组	85	87	85	257	7	85.67	最高平均成绩
7	A005	一组	78	77	76	231	10	77.00	93.33
8	A006	二组	76	81	82	239	9	79.67	
9	A007	一组	93	84	87	264	4	88.00	
10	A008	二组	95	83	86	264	4	88.00	
11	A009	一组	74	83	85	242	8	80.67	
12	A010	二组	89	84	92	265	3	88.33	

图 9-15　设置单元格样式结果

(3) 设置自动套用表格格式

利用套用表格格式的"表样式浅色 20"修饰 A2:H12 单元格区域，执行如下操作。

选择 A2:H12 单元格区域，在"开始"选项卡中选择"样式"功能区，单击"套用表格格式"下方箭头，在展开的选项中选择"表样式浅色 20"，弹出"套用表格式"对话框，如图 9-16 所示，单击"确定"后得到如图 9-17 所示的效果。

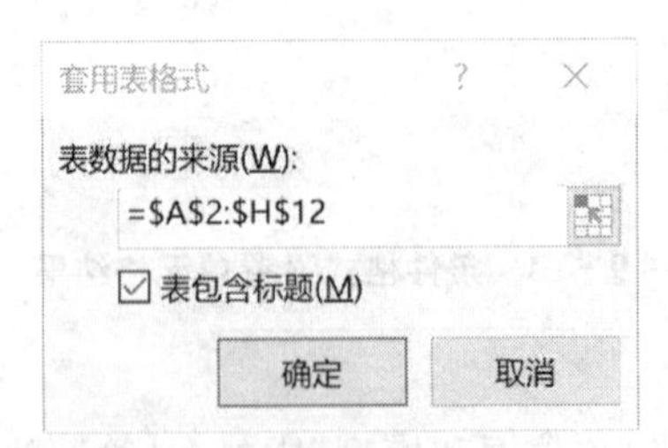

图 9-16　"套用表格式"对话框

	A	B	C	D	E	F	G	H	I	J
1	某校学生成绩表									
2	学号	组别	数学	语文	英语	总成绩	总成绩排名	平均成绩	二组人数	
3	A001	一组	87	95	91	273	2	91.00	4	
4	A002	一组	98	93	89	280	1	93.33	二组总成绩	
5	A003	一组	83	97	83	263	6	87.67	1025	
6	A004	二组	85	87	85	257	7	85.67	最高平均成绩	
7	A005	一组	78	77	76	231	10	77.00	93.33	
8	A006	二组	76	81	82	239	9	79.67		
9	A007	一组	93	84	87	264	4	88.00		
10	A008	二组	95	83	86	264	4	88.00		
11	A009	一组	74	83	85	242	8	80.67		
12	A010	二组	89	84	92	265	3	88.33		
13										
14										

图 9-17 设置自动套用表格格式结果

> **注:单元格样式、套用表格格式设置**
>
> 同样,可以在“开始”选项卡中的“样式”功能区,进行“单元格样式”“套用表格格式”设置。可以使用 Excel 软件自带的模板样式,也可以用户自定义样式。

4. 图表的建立、编辑和修改以及修饰

选取“学号”和“总成绩”列内容,建立“三维簇状柱形图”(系列产生在“列”),图标题为“总成绩统计图”,添加数据标签,增加图例,设置图表样式为“样式 4”;将图插入到表的 A14:G28 单元格区域内。

(1) 建立“三维簇状柱形图”

选择 A2:A12 单元格区域和 F2:F12 单元格区域,在“插入”选项卡中的“图表”功能区单击“插入柱形图或条形图”按钮的右方箭头,在展开的选项中选择“三维柱形图”系列中的“三维簇状柱形图”,得到如图 9-18 所示的簇状柱形图。

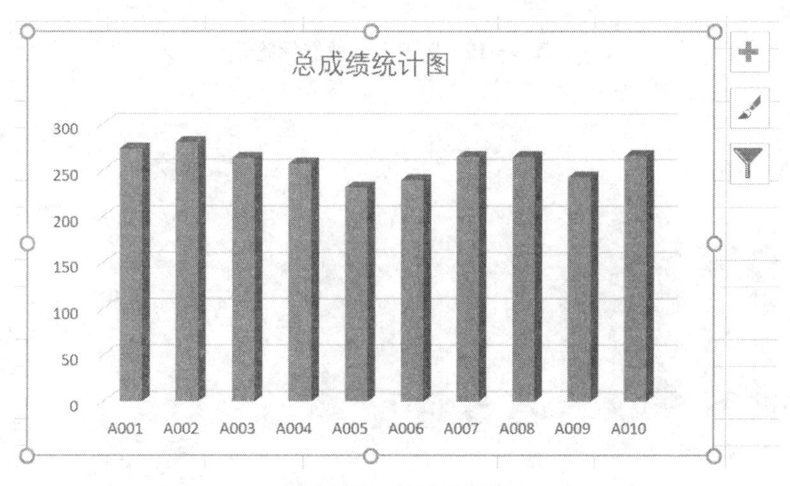

图 9-18 簇状柱形图

(2) 图表编辑、修改及修饰

① 系列产生在“列”:本实验不需要设置,生成的图 9-18 即默认是系列产生在“列”。

注:系列产生在"列"和"行"的设置

Excel 图表一般包括 X 轴和 Y 轴,Y 轴是数值轴,X 轴是分类轴,也可以认为 X 轴是"系列"轴,系列的意思,就是要描述数据(行或列)的序列。如果用 X 轴描述表格的行,称为系列产生在行;同样,如果用 X 轴描述表格的列,称为系列产生在"列"。选择"图标工具"栏中的"设计"选项卡,在"数据"功能区中,单击"切换行/列"按钮,可进行系列产生在"列"和"行"的设置。

② 图表标题设置:在生成的图表中,选中图表标题"总成绩",改为"总成绩统计图"。

注:

同样可以设置横坐标轴和纵坐标轴的标题。

③ 添加数据标签:在"设计"选项卡中的"添加图表元素"功能区,选择"数据标签"中的"其他数据标签选项",得到如图 9-19 所示的效果;单击图 9-18 右上角"+"号,也可以增加数据标签。

④ 增加图例:在"设计"选项卡中的"添加图表元素"功能区,选择"图例"中的"底部";或者,单击图 9-18 右上角"+"号,也可以增加图例,如图 9-20 所示。

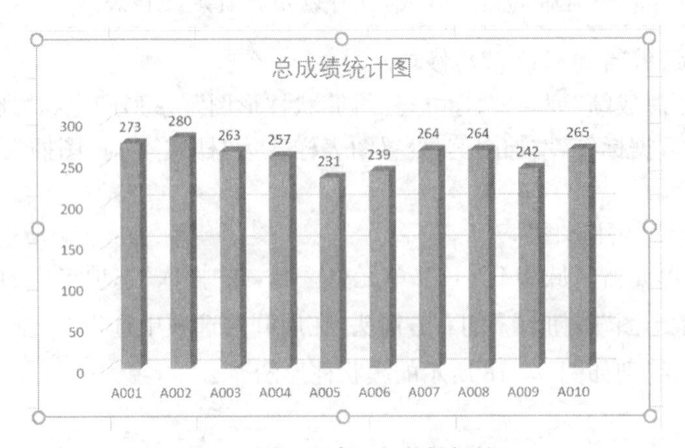

图 9-19 图表添加数据标签

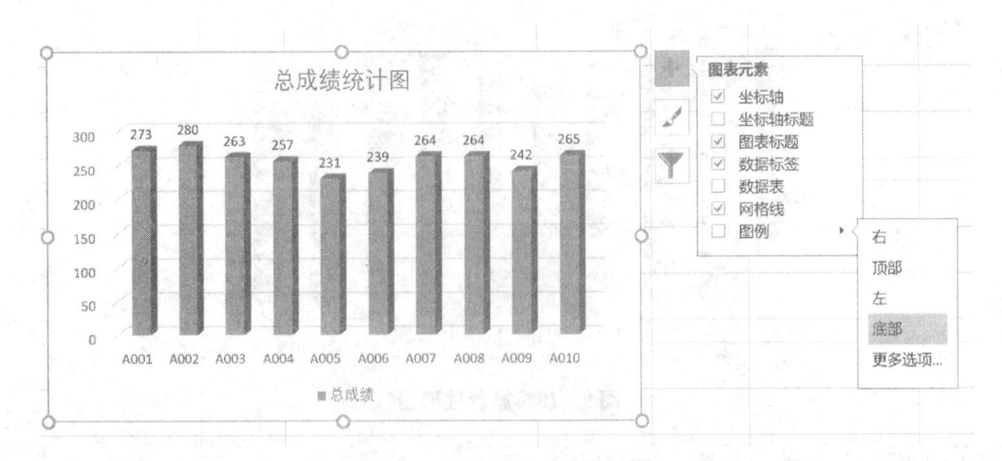

图 9-20 图表增加图例结果

⑤ 设置图表样式为"样式 4":在"设计"选项卡中的"图表样式"功能区中,选择"样式 4",得到如图 9－21 所示的效果;单击图 9－18 右上角 ,也可以修改表的样式。

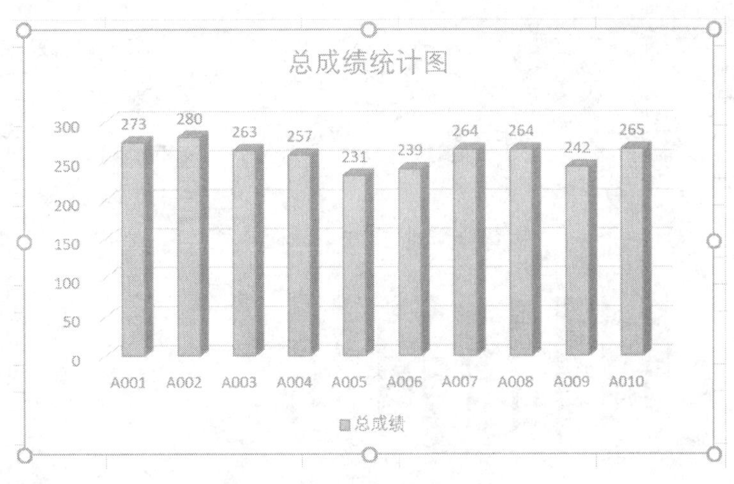

图 9－21　图表样式设置结果

注:Excel 中图表一些常用操作

1. 数据系列重叠显示:选择图表中的任意数据系列,右击鼠标,在弹出的菜单中选择"设置数据系列格式"。在弹出的"设置数据系列格式"对话框中,向右拖动"系列重叠"栏中的滑块,使其为正值(值的大小与系列间的重叠幅度有关)。

2. 调整图例位置:默认情况下,在创建图表后图例位于图表区域的右侧。若想要修改图例的位置,则可选中图表中的图例,右击鼠标,在弹出的菜单中选择"设置图例格式"。在弹出的"设置图例格式"对话框中,选择"图例位置"中的"靠上"选项。

3. 更改图例项名称:选择图例项,右击鼠标,在弹出的菜单中选择"选择数据",打开"选择数据源"对话框。在对话框中选择"图例项(系列)"列表框中的需要修改的系列名称,单击"编辑"按钮,在打开的"编辑数据系列"对话框中单击"系列名称"文本框右侧的折叠按钮,在工作表数据区域中选择图例名称所在的单元格,再次单击折叠按钮。单击"确定",返回"选择数据源"对话框,即可看到"图例项(系列)"列表框中的系列名称已经修改。

4. 隐藏图标网格线:创建图表后,一般在图表中自动添加主要横线网格线。若需要隐藏网格线,则需要选中图表,单击"布局"选项卡中的"坐标轴"功能区中的"网格线"下拉列表,选中列表中的"无",即可隐藏图表中的网格线。

(3) 将图插入表的 A14:G28 单元格区域内

调整图的大小并移动到指定位置。选中图表,按住鼠标左键单击图表不放并拖动,将其拖动到 A14:G28 单元格区域内,得到如图 9－22 所示的效果。

注:

如果图表过大,无法放下,可以将鼠标放在图表的右下角,当鼠标指针变为"↘"时,按住左键拖动可以将图表缩小到指定区域内。插入图表到指定区域,只能通过移动,不能通过"剪切"或"复制"等来操作,否则考试系统中不给分。同时,在指定区域内,图表不能过分缩小,否则考试系统不给分。

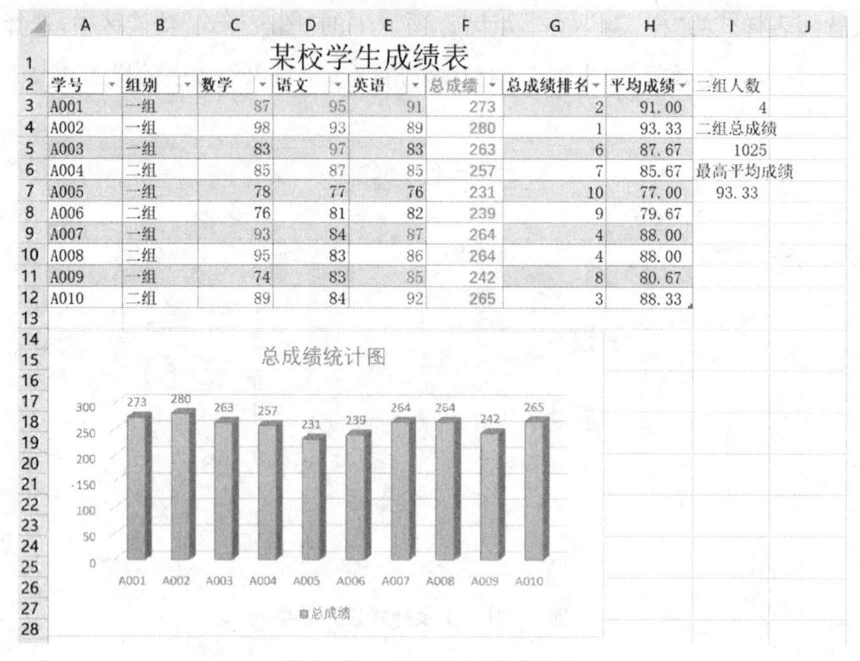

某校学生成绩表

学号	组别	数学	语文	英语	总成绩	总成绩排名	平均成绩	二组人数
A001	一组	87	95	91	273	2	91.00	4
A002	一组	98	93	89	280	1	93.33	二组总成绩
A003	一组	83	97	83	263	6	87.67	1025
A004	二组	85	87	85	257	7	85.67	最高平均成绩
A005	一组	78	77	76	231	10	77.00	93.33
A006	二组	76	81	82	239	9	79.67	
A007	一组	93	84	87	264	4	88.00	
A008	二组	95	83	86	264	4	88.00	
A009	一组	74	83	85	242	8	80.67	
A010	二组	89	84	92	265	3	88.33	

图 9－22 图插入列表的结果

5. 工作表的页面设置、打印预览和打印，工作表中链接的建立

（1）工作表重命名

双击“Sheet1”，将其更名为“学生成绩统计表”。

（2）工作表页面设置、打印预览和打印

① 在“页面布局”选项卡中的“页面设置”功能区中设置“页边距”“纸张方向”“纸张大小”等。

② 在“文件”选项卡中选择“打印”，在其右侧可进行打印设置，右侧窗口能够根据打印设置显示相应的“打印预览”。

（3）工作表中链接的建立

① 选择 C2:E2 单元格区域，右击鼠标，在快捷菜单中选择“超链接”，弹出“插入超链接”对话框，如图 9－23。

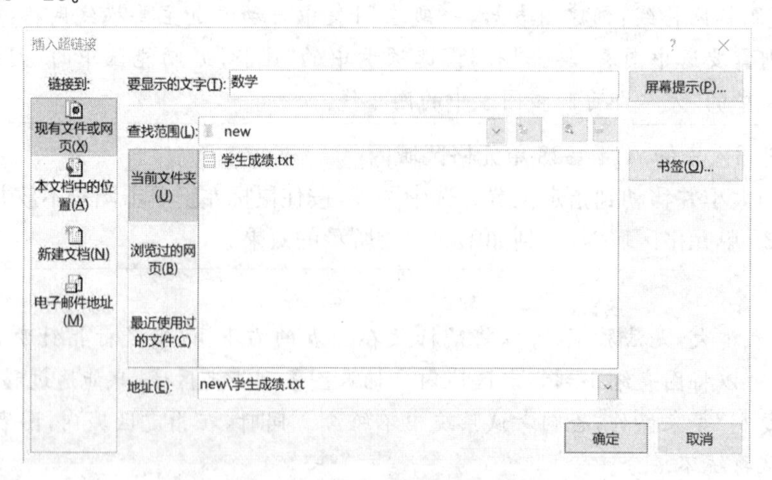

图 9－23 “插入超链接”对话框

② 在“插入超链接”对话框“当前文件夹”中单击“学生成绩.txt”后，单击“确定”，得到如图 9 - 24 所示的效果。

学号	组别	数学	语文	英语	总成绩	总成绩排名	平均成绩

图 9 - 24　“插入超链接”的效果

③ 鼠标移至“数学”或“语文”或“英语”上时，鼠标变成“手”的形状，单击就可打开“学生成绩.txt”文档。

实验 10　Excel 数据处理与汇总

一、实验要求

1. 掌握对数据进行常规排序及按自定义序列排序的方法。
2. 掌握分类汇总的操作方法。
3. 掌握数据的自定义筛选及高级筛选操作。
4. 掌握数据透视表的应用。

二、实验步骤

对实验文件“图书销售情况统计表.xlsx”工作簿进行操作，该工作簿包含“图书销售情况表”“图书销售统计表”两个表。

1. 数据排序

（1）对数据表进行常规排序

对工作簿“图书销售情况统计表.xlsx”中的工作表“图书销售情况表”内数据清单的内容以“图书销售分部门排序表”备份，在“图书销售分部门排序表”中按主要关键字“经销部门”的降序次序和次要关键字“季度”的升序次序进行排序，并将排序结果保存在“图书销售分部门排序表”中。

① 在工作表标签中单击工作表“图书销售情况表”以选择此工作表，按住 Ctrl 键，并拖动此选中的工作表到达新的位置，松开鼠标，便复制了一张与原内容完全相同的工作表“图书销售情况表(2)”，并将该工作表更名为“图书销售分部门排序表”。

②“图书销售分部门排序表”中选择 A2:F44 单元格区域，在“数据”选项卡中的“排序和筛选”功能区选择“排序”按钮 排序，弹出“排序”对话框。

③ 在“排序”对话框中，设置“主要关键字”为“经销部门”，“次序”为“降序”。

④ 单击“添加条件”按钮，设置“次要关键字”为“季度”，“次序”为“升序”，如图 10－1 所示。单击“确定”按钮即可。

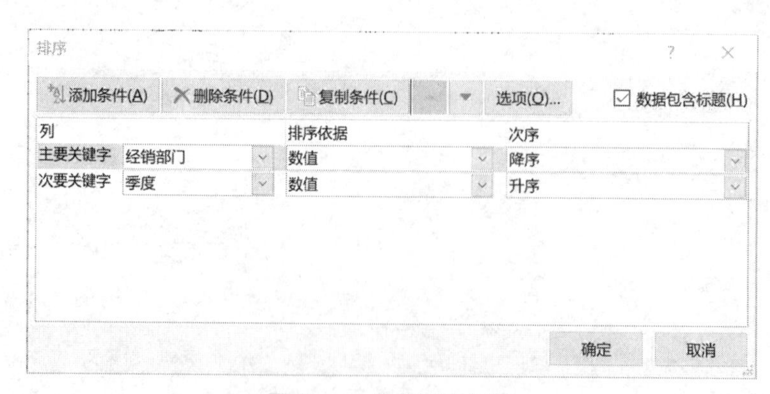

图 10－1　“排序”对话框

⑤ 保存该工作表。

(2) 对数据表进行自定义序列排序

对工作表“图书销售情况表”内数据清单的内容以“图书销售按类别排序表”备份，在“图书销售按类别排序表”中按“社科类”“少儿类”“计算机类”排序，类别相同时按“季度”的升序次序进行排序，并将排序结果保存在“图书销售按类别排序表”中。

① 在工作表标签中单击工作表“图书销售情况表”以选择此工作表，按住 Ctrl 键，并拖动此选中的工作表到达新的位置，松开鼠标，便复制了一张与原内容完全相同的工作表“图书销售情况表(2)”，并将该工作表更名为“图书销售按类别排序表”。

②“图书销售按类别排序表”中选择 A2:F44 单元格区域，在“数据”选项卡中的“排序和筛选”功能区选择“排序”按钮，弹出“排序”对话框。

③ 在“排序”对话框中，设置“主要关键字”为“图书类别”，单击“次序”为“自定义序列…”，弹出 “自定义序列”对话框。

④ 在“自定义序列”对话框中的“输入序列”中输入三行文字“社科类”“少儿类”“计算机类”，如图 10－2 所示。单击“添加”按钮后，按“确定”按钮。

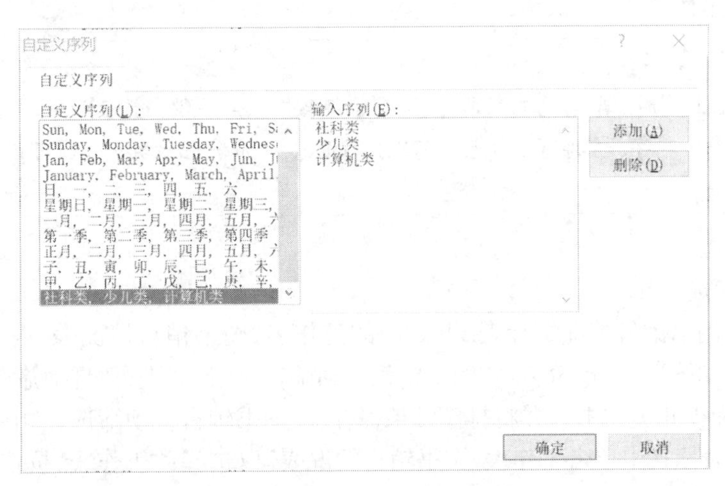

图 10－2　“自定义序列”对话框

⑤ 单击“添加条件”按钮，设置“次要关键字”为“季度”“次序”为“升序”，单击“确定”按钮。

⑥ 保存该工作表。

2. 数据分类汇总

对“图书销售按类别排序表”内数据清单的内容进行分类汇总，分类字段为“图书类别”，汇总方式为“求和”，汇总项为“数量(册)”“销售额(元)”，汇总结果显示在数据下方，工作表名不变。

① “图书销售按类别排序表”中选择 A2:F44 单元格区域，在“数据”选项卡中的“分级显示”功能区选择“分类汇总”按钮，弹出“分类汇总”对话框如图 10－3。

② 在“分类汇总”对话框中，选择“分类字段”为“图书类别”“汇总方式”为“求和”，在“选定汇总项”中选择“数量(册)”“销售额(元)”，选择“汇总结果显示在数据下方”的复选框，单击“确定”。

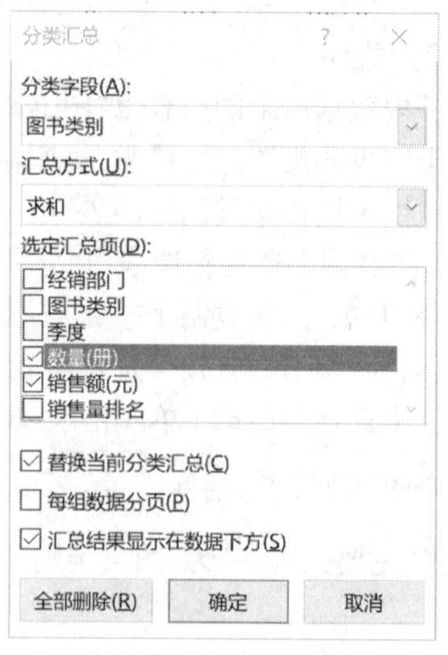

图 10－3 “分类汇总”对话框

③ 保存该工作表。

> **注：**
>
> 做“分类汇总 ”时，首先观察数据表是否已经按“分类字段”进行排序，如果未进行排序，数据表先要按“分类字段”排序，才能进行“分类汇总”；如果已经排序，则可以直接进行“分类汇总”。

3. 数据筛选

(1) 自动筛选

对工作簿“图书销售情况统计表.xlsx”中的工作表“图书销售情况表”内数据清单的内容以“图书销售自动筛选表”备份。对“图书销售自动筛选表”数据进行“自动筛选”，条件为“第四季度计算机类和少儿类图书”，并将排序结果保存在“图书销售自动筛选表”中。

① 在工作表标签中单击工作表“图书销售情况表”以选择此工作表，按住 Ctrl 键，并拖动此选中的工作表到达新的位置，松开鼠标，便复制了一张与原内容完全相同的工作表“图书销售情况表(2)”，并将该工作表更名为“图书销售自动筛选表”。

②“图书销售自动筛选表”中，在“数据”选项卡中的“排序和筛选”功能区选择“筛选”按钮，在第二行单元格的列标题中将出现按钮，如图 10－4 所示。

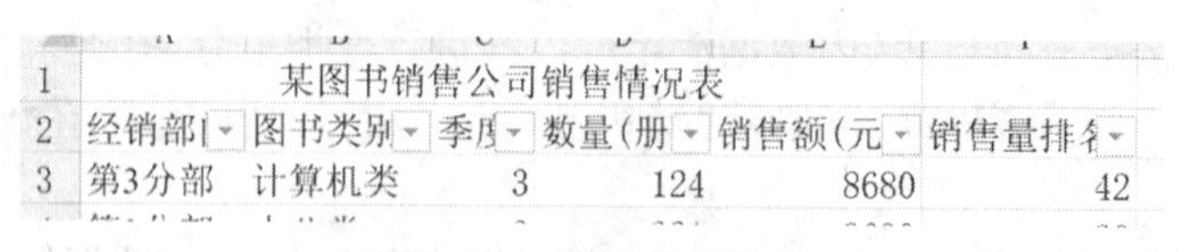

1	某图书销售公司销售情况表					
2	经销部门	图书类别	季度	数量(册	销售额(元	销售量排名
3	第3分部	计算机类	3	124	8680	42

图 10－4 “筛选”效果

③ 单击“季度”下拉按钮，选择“数字筛选”中的“自定义筛选”选项，弹出“自定义自动筛选方式”对话框，如图 10－5 所示。

④ 在“自定义自动筛选方式”对话框中，设置第一个下拉框为“等于”，设置第二个下拉框为“4”，单击“确定”按钮。

图 10－5 “自定义自动筛选”的设置

⑤ 单击“图书类别”下拉按钮，选择“文本筛选”中的“自定义筛选”选项，弹出“自定义自动筛选方式”对话框，设置第一个下拉框为“等于”，设置第二个下拉框为“计算机类”。单击“或”单选按钮，设置第三个下拉框为“等于”，设置第四个下拉框为“少儿类”，如图 10－6 所示。单击“确定”按钮，得到图 10－7 所示的结果。

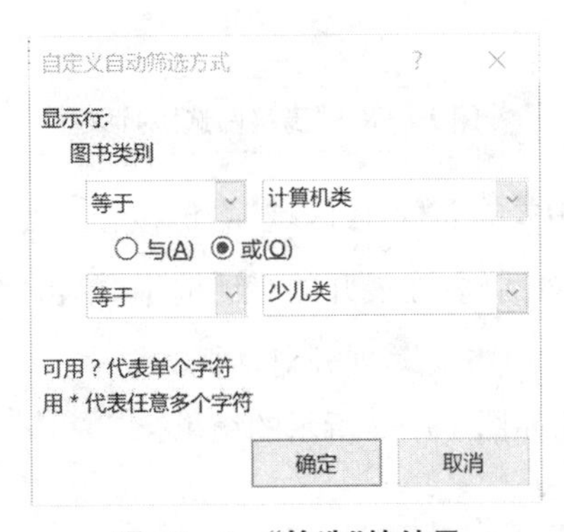

图 10－6 “筛选”的结果

	A	B	C	D	E	F
1	某图书销售公司销售情况表					
2	经销部门	图书类别	季度	数量(册	销售额(元	销售量排名
8	第3分部	计算机类	4	157	10990	41
9	第1分部	计算机类	4	187	13090	38
11	第2分部	计算机类	4	196	13720	36
18	第3分部	少儿类	4	432	12960	7
21	第1分部	少儿类	4	342	10260	15
34	第2分部	少儿类	4	421	12630	8
41	第3分部	计算机类	4	324	22680	17
42	第1分部	计算机类	4	329	23030	16
44	第2分部	计算机类	4	398	27860	10
45						

图 10－7 “自动筛选”的对话框

⑥ 保存该工作表。

(2) 高级筛选

在“图书销售分部门排序表”中，对排序后的数据进行高级筛选(在数据表格前插入四行，条件区域设在 A1:F3 单元格区域)，条件为:图书类别为“社科类”或者“少儿类”且销售量排名在前二十名，工作表名不变。

① 在“图书销售分部门排序表”中，选择前四行，在行号处右击鼠标，选择“插入”，在工作表首行插入四行。

②在 A1 单元格输入“图书类别”，A2 单元格输入条件“社科类”；在 F1 单元格输入“销售量排名”，F2 单元格输入条件“＜＝20”。

③ 在“数据”选项卡中的“排序和筛选”功能区选择“筛选”右侧的“高级”按钮 高级，弹出“高级筛选”对话框，如图 10－8 所示。

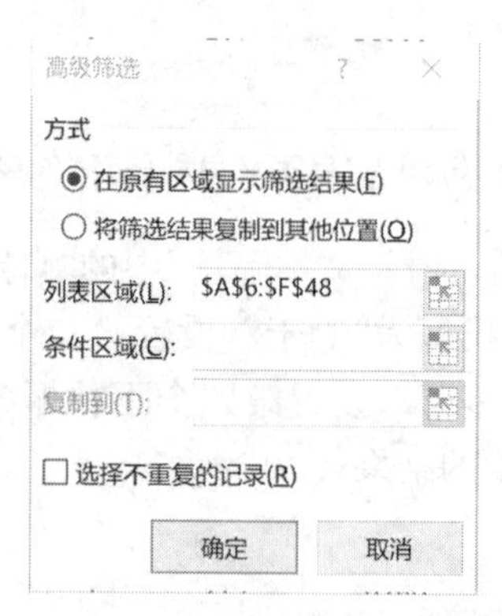

图 10－8 “高级筛选”对话框

④ 在“高级筛选”对话框中，单击“列表区域”右侧按钮，折叠对话框，选择筛选的数据区域 A5:F47，单击，展开对话框；在展开的对话框中，单击“条件区域”右边按钮，折叠对话框，选择条件区域 A1:F3，单击，展开对话框。

⑤ 单击“确定”按钮，得到如图 10－9 所示的结果。

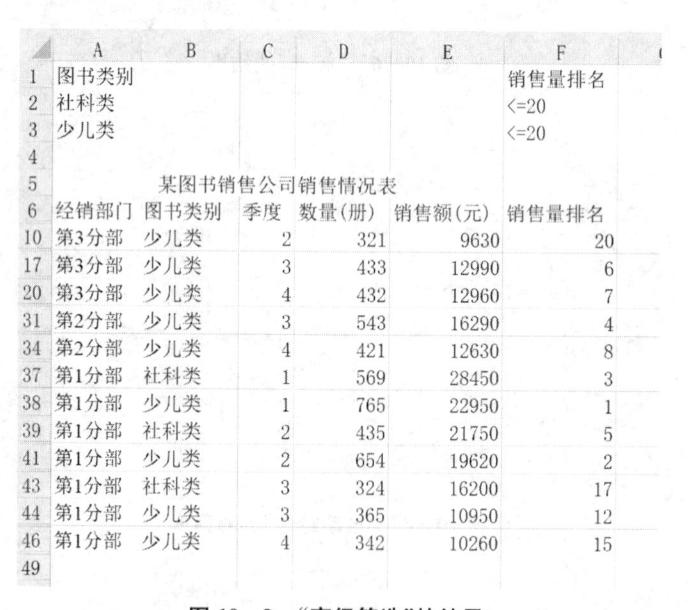

	A	B	C	D	E	F
1	图书类别					销售量排名
2	社科类					<=20
3	少儿类					<=20
4						
5		某图书销售公司销售情况表				
6	经销部门	图书类别	季度	数量(册)	销售额(元)	销售量排名
10	第3分部	少儿类	2	321	9630	20
17	第3分部	少儿类	3	433	12990	6
20	第3分部	少儿类	4	432	12960	7
31	第2分部	少儿类	3	543	16290	4
34	第2分部	少儿类	4	421	12630	8
37	第1分部	社科类	1	569	28450	3
38	第1分部	少儿类	1	765	22950	1
39	第1分部	社科类	2	435	21750	5
41	第1分部	少儿类	2	654	19620	2
43	第1分部	社科类	3	324	16200	17
44	第1分部	少儿类	3	365	10950	12
46	第1分部	少儿类	4	342	10260	15
49						

图 10－9 “高级筛选”的结果

⑥ 保存该工作表。

4. 数据透视表

对工作表“图书销售情况表”内数据清单的内容建立数据透视表，按行为“经销部门”，列为“图书类别”，数据为“数量(册)”求和布局，并置于现工作表的 H2:L7 单元格区域，工作表名不变。

① “图书销售情况表”中，在“插入”选项卡中的“表格”功能区单击“数据透视表”，弹出“创建数据透视表”对话框，如图 10 - 10 所示。

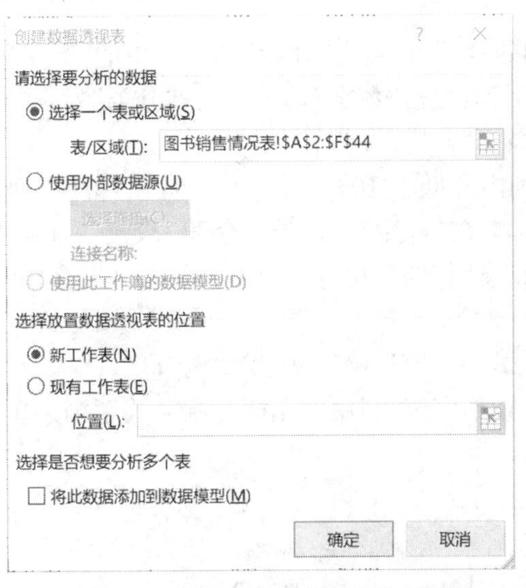

图 10 - 10　“创建数据透视表”对话框

② 在“创建数据透视表”对话框中，在“请选择要分析的数据”的“选择一个表或区域”右侧单击按钮，折叠对话框，选择 A2:F44 单元格区域作为“表/区域”，单击，展开对话框；在“选择放置数据透视表的位置”中选中“现有工作表”，在“位置”右侧单击按钮，折叠对话框，选择 H2:L7 单元格区域，单击，展开对话框。

③ 单击“确定”，工作表右侧弹出“数据透视表字段列表”任务窗格。在“选择要添加到报表的字段”中，拖动“经销部门”到任务窗格下方的“行标签”，拖动“图书类别”到“列标签”，拖动“数量(册)”到“数值”。最后，关闭“数据透视表字段列表”任务窗格即可，在 H2:L7 单元格区域内得到如图 10 - 11 所示的结果。

H	I	J	K	L
求和项:数量(册)	列标签			
行标签	社科类	少儿类	计算机类	总计
第1分部	1615	2126	1596	5337
第2分部	993	1497	1290	3780
第3分部	1232	1492	1540	4264
总计	3840	5115	4426	13381

图 10 - 11　“数据透视表”的结果

5. “图书销售统计表”操作

对工作簿“图书销售情况统计表.xlsx”中的工作表“图书销售统计表”，执行如下操作。

(1) A1:E1 单元格合并为一个单元格，内容水平居中

选择 A1:E1 单元格区域，在“开始”选项卡中的“对齐方式”功能区单击“合并后居中”按钮，合并单元格并使内容居中。

(2) 计算“同比增长”列的内容(同比增长=(07 年销售量－06 年销售量)/06 年销售量，百分比型，保留小数点后两位)

① 在 D3 单元格中输入公式“=(B3—C3)/C3”，并按回车键，利用填充柄复制公式至剩余单元格区域。

② 选择“同比增长”列的全部内容，在“开始”选项卡中的“数字”功能区单击“数字”按钮，弹出“设置单元格格式”对话框，单击“数字”选项卡，在“分类”列表框中选择“百分比”选项，设置“小数位数”为“2”，最后单击“确定”按钮。

(3) 如果“同比增长”列内容低于 10%(＜=10%)，在“备注”列内给出信息“慢”；如果在 10%～20%之间(＜=20%)，在“备注”列内给出信息“较慢”；如果在 20%～30%之间(＜=30%)，在“备注”列内给出信息“较快”；超过 30%(＞30%)，在“备注”列内给出信息“快”(利用 IF 函数)

在 E3 单元格中输入公式“=IF(D3＜=10%，“慢”，IF(D3＜=20%，“较慢”，IF(D3＜=30%，“较快”，“快”)))”，并按回车键，利用填充柄复制公式至剩余单元格区域，得到如图 10-12 所示的结果。

	A	B	C	D	E
1	某图书近两年销量统计表(单位:个)				
2	月份	07年	06年	同比增长	备注
3	1月	187	145	28.97%	较快
4	2月	89	67	32.84%	快
5	3月	102	78	30.77%	快
6	4月	231	190	21.58%	较快
7	5月	345	334	3.29%	慢
8	6月	478	456	4.82%	慢
9	7月	333	298	11.74%	较慢
10	8月	212	176	20.45%	较快
11	9月	265	199	33.17%	快
12	10月	167	123	35.77%	快
13	11月	156	132	18.18%	较慢
14	12月	90	85	5.88%	慢

图 10-12 设置“图书销售统计表”

(4) 图表的建立与修饰

选取“月份”列(A2:A14)和“同比增长”列(D2:D14)数据区域的内容建立“带数据标记的折线图”，标题为“销售同比增长统计图”，图例位置靠上，数据标签在上方，网格线分类(X)轴和数值(Y)轴显示主要网格线。设置 Y 轴刻度最小值为 0.03，最大值为 0.39，主要刻度单位为 0.05。

① 选择“月份”列(A2:A14)和“同比增长”列(D2:D14)数据区域，在“插入”选项卡中的“图表”功能区，单击“查看所有图表”按钮，弹出“插入图表”对话框，在“所有图表”标签的“折线图”中选择“带数据标记的折线图”，单击“确定”按钮，即可插入图表。

② 在插入的图表中，选择图表标题，改为“销售同比增长统计图”。

③ 在“设计”选项卡中的“图表布局”功能区，单击“添加图表元素”，在展开的下拉列表中，选择“图例”，在展开的选项中选择“顶部”。

④ 在“设计”选项卡中的“图表布局”功能区，单击“添加图表元素”，在展开的下拉列表中，选择“数据标签”，在展开的选项中选择“上方”。

⑤ 在“设计”选项卡中的“图表布局”功能区，单击“添加图表元素”，在展开的下拉列表中，选择“网格线”中的“主轴主要垂直网格线”。（主轴主要水平网格线生成图表的时候已存在，无须设置。）

⑥ 双击生成的“销售同比增长统计图”的 Y 轴，在右侧出现“设置坐标轴格式”一栏，在“坐标轴选项”选项卡的“最小值”中输入“0.03”，在“最大值”中输入“0.39”，在“主要刻度单位”中输入“0.05”，关闭即可得到如图 10－13 所示的结果。

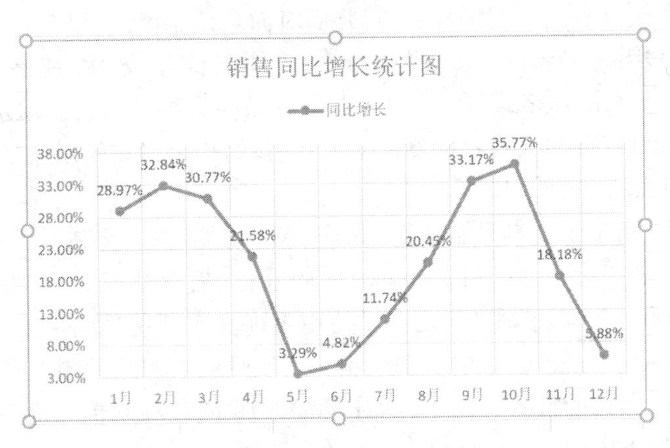

图 10－13　“销售同比增长统计图”的结果

(5) 将 A2:E14 单元格区域设置为套用表格格式“表样式浅色 4”

在“开始”选项卡中的“样式”功能区单击“套用表格格式”下拉列表，选择“表样式浅色 4”。在弹出的“套用表格式”对话框中，选择数据区域 A2:E14，得到如图 10－14 所示的结果。

	A	B	C	D	E
1	某图书近两年销量统计表（单位:个）				
2	月份	07年	06年	同比增长	备注
3	1月	187	145	28.97%	较快
4	2月	89	67	32.84%	快
5	3月	102	78	30.77%	快
6	4月	231	190	21.58%	较快
7	5月	345	334	3.29%	慢
8	6月	478	456	4.82%	慢
9	7月	333	298	11.74%	较慢
10	8月	212	176	20.45%	较快
11	9月	265	199	33.17%	快
12	10月	167	123	35.77%	快
13	11月	156	132	18.18%	较慢
14	12月	90	85	5.88%	慢

图 10－14　编辑图表

第四章　文稿演示软件 PowerPoint 2016

PowerPoint 是 Microsoft Office 产品套件的一部分。利用 Microsoft Office PowerPoint 不仅可以创建演示文稿，还可以在互联网上召开面对面会议、远程会议或在网上给观众展示演示文稿。Microsoft Office PowerPoint 做出来的文件叫演示文稿，其格式后缀名为.ppt、.pptx；也可以保存为 pdf、图片格式等，2016 版本中可保存为视频格式。演示文稿中的每一页就叫幻灯片。用户可以在投影仪或者计算机上进行演示，也可以将演示文稿打印出来，制作成胶片，以便应用到更广泛的领域中。

PowerPoint 2016 新增了屏幕录制功能、Tell - Me 功能，以及墨迹功能；更丰富的幻灯片主题、主题色、切换效果和动画；更多的 SmartArt 版式、广播及共享 PPT 功能，等等。新增的墨迹功能是 PowerPoint 2016 的新亮点之一。使用墨迹公式可在“数学插入控件”对话框中用触摸屏或鼠标指针手动书写公式，可以手动绘制一些规则或不规则的图形及文字。

本章以步骤化、图例化的方式介绍 PowerPoint 2016 的各项功能。通过本章的理论学习和实训，读者应掌握如下内容：

- 打开、关闭、创建和保存演示文稿；
- 幻灯片制作的基础知识(幻灯片的插入、移动、复制、删除，基本的文本编辑技术)；
- 幻灯片版式、主题、设计模板的设置及应用；
- 幻灯片配色方案、背景的设置、母版的设置；
- 插入并编辑图片、剪贴画、艺术字、表格、图表等对象的方法；
- 插入 GIF 动画、声音等多媒体对象的方法；
- 插入日期时间和页码的方法；
- 动画效果的设置，文本的超链接；
- 幻灯片切换效果设置和幻灯片放映的高级技巧。

实验 11 制作简单演示文稿

一、实验要求

1. 掌握打开、关闭、创建和保存演示文稿的方法。
2. 掌握幻灯片制作的基础知识(幻灯片的插入、移动、复制、删除,基本的文本编辑技术)。
3. 掌握插入并编辑图片、表格、GIF 动画等对象的方法。
4. 掌握插入日期时间和页码的方法。

二、实验步骤

1. 新建并保存演示文稿

(1) 新建:启动 PowerPoint 2016 程序,建立空白演示文稿,默认文件名为“演示文稿 1.pptx”。

注:新建 PowerPoint 文档的其他方法

1. 在“快速存取工具列”中,单击“新建”按钮。

2. 在已打开的 PowerPoint 文档的“文件”选项卡中选择“新建”,在窗口的右侧区域单击“空白演示文稿”。

(2) 保存:在“快速存取工具列”中,单击“保存”按钮,在弹出的“另存为”对话框中设置保存路径为“本地磁盘(F:)”,文件名为“垃圾分类”,保存类型为“PowerPoint 演示文稿(*.pptx)”,设置完成后,单击“保存”。

注:保存 PowerPoint 文档的其他方法

1. 在“文件”选项卡中选择“保存。
2. 在“文件”选项卡中选择“另存为”。

文档编辑或考试过程中要实时存盘,或者直接按 Ctrl+S 键即可。

2. 幻灯片的基本操作

(1) 制作标题幻灯片

在“垃圾分类.pptx”中,单击“开始”选项卡,在“幻灯片”组中单击“版式”按钮,选择“标题幻灯片”,如图 11-1 所示。

① 单击标题栏,输入“垃圾分类 举手之劳”,单击副标题栏,输入“变废为宝 美化家园”。

② 定义标题、副标题的字体、字号。

选中标题文字,单击菜单栏中的“格式”菜单,选中“字体”,系统弹出“字体”对话框,设置字体为“华文隶书”、67 号字,如图 11-2 所示。完成后,单击“确定”,按同样的方法设置副标题中的字体为“华文细黑”、35 号字。

图 11－1　制作“标题幻灯片”

图 11－2　“字体”设置

（2）制作第 2 张幻灯片

单击“开始”选项卡，在“幻灯片”组中单击“新建幻灯片”按钮，选择“标题和内容”，如图 11－3所示。

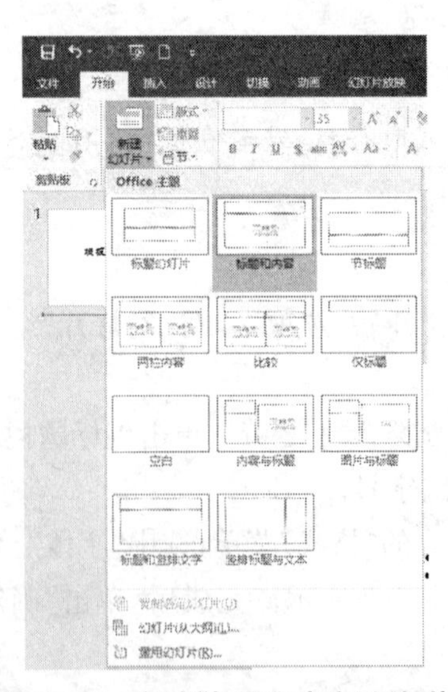

图 11－3　新建“标题和内容”幻灯片

按图 11－4 的样式输入文字并修饰。

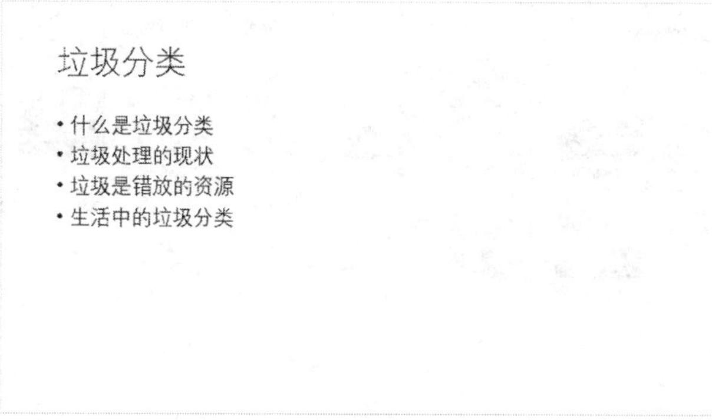

垃圾分类

- 什么是垃圾分类
- 垃圾处理的现状
- 垃圾是错放的资源
- 生活中的垃圾分类

图 11－4　第 2 张幻灯片

3. 插入图片及图片的格式设置

将“素材.pptx”中的 6 张幻灯片复制作为“垃圾分类.pptx”的第 3～8 张幻灯片。

（1）编辑第 3、4 张幻灯片

① 在第 3 张幻灯片之后插入“两栏内容”幻灯片，方法同上。

② 编辑第 4 张幻灯片内容：“单击此处添加标题”中输入“什么是垃圾分类”，将第 3 张幻灯片的最后一段“垃圾分类……力争物尽其用。”移动至第 4 张幻灯片右侧位置。具体操作为：选中该段文字右击选择剪切，在第 4 张幻灯片右侧“单击此处添加文本”右击选择粘贴选项“使用目标主题”。

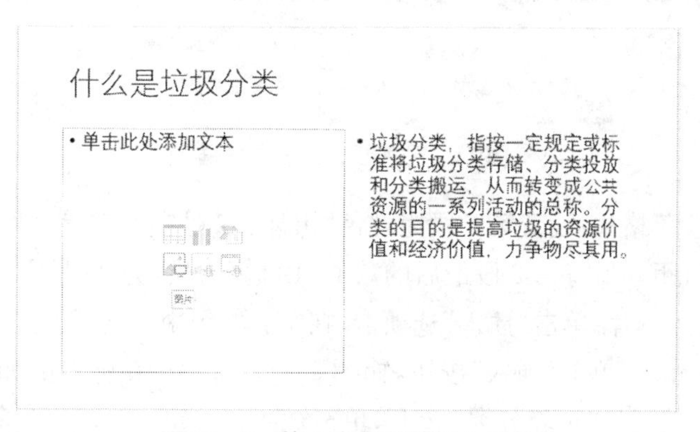

图 11－5　第 4 张幻灯片插入图片

（2）插入图片

在左侧“单击此处添加文本”单击“图片”按钮，在弹出的如图 11－6 所示对话框中，选中需要插入的图片“垃圾分类 2.gif”，单击“插入”按钮。

图 11-6 “插入图片”对话框

(3) 调整第 3 张幻灯片内容

① 调整第 3 张幻灯片中的第 2 段至左下角，如图 11-11 所示。

选中“这是联合国环境……总量的 42.9%。”右击“剪切”，缩小第 1 段所在的文本框至中间。在右下角插入“横排文本框”并粘贴第 2 段内容。单击“插入”选项卡，在“文本”组中单击“文本框”按钮，选择“横排文本框”，如图 11-7 所示，粘贴第 2 段内容。

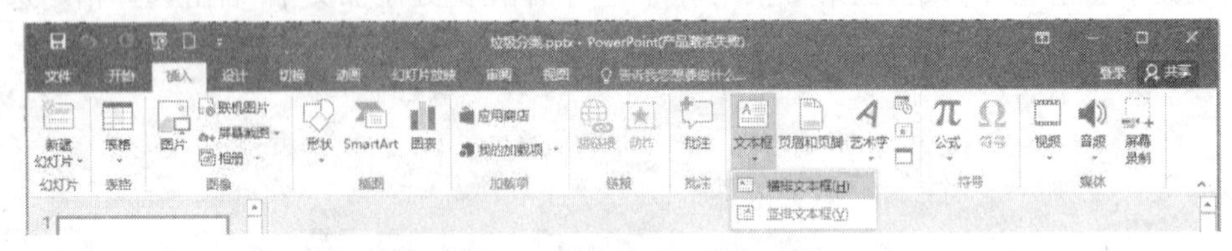

图 11-7 插入“横排文本框”

② 设置字体、段落格式：设置第 1 段为红色、黑体、32 号字，1.5 倍行距。设置第 2 段为黑体、24 号字，1.5 倍行距。另将第 2 段最后的数值“42.9%”设置为 36 号字。

③ 在右下角插入图片：单击“插入”选项卡，在“图像”组中单击“图片”按钮，选择需要插入的图片“垃圾分类 1.jpg”，单击“插入”按钮，如图 11-8 所示。在弹出的如图 11-6 所示对话框中，选中需要插入的图片“垃圾分类 1.gif”，单击“插入”按钮。

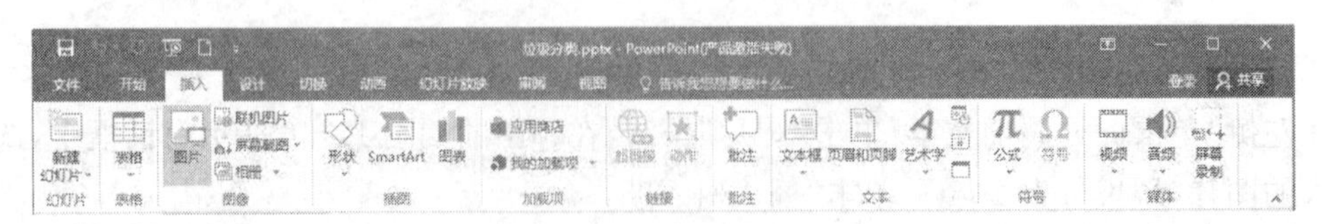

图 11-8 插入“图片”

(4) 调整图片大小与位置

① 调整图片大小：在 PPT 中选中“垃圾分类 1.jpg”，单击“图片工具”中的“格式”选项卡“大小”功能组，右侧出现如图 11-10 所示功能区。取消“锁定纵横比”与“相对于图片原尺寸”功能，高度设置为 7 厘米，宽度设置为 12 厘米。

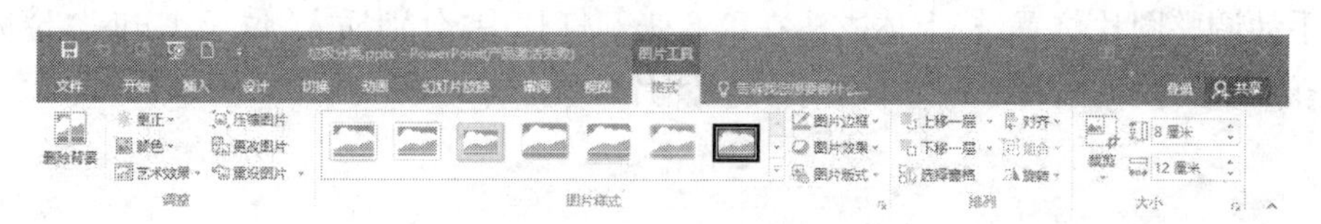

图 11－9　设置“图片格式”

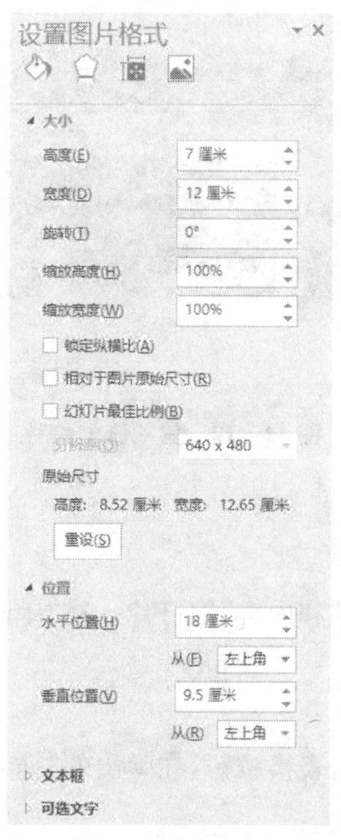

图 11－10　“设置图片格式”功能区

② 调整图片位置:在“设置图片格式”对话框左侧选择“位置”,设置在幻灯片上的位置。水平:18 厘米,自左上角;垂直:9.5 厘米,自左上角。如图 11－10 所示。

第 3 张幻灯片如图 11－11 所示。

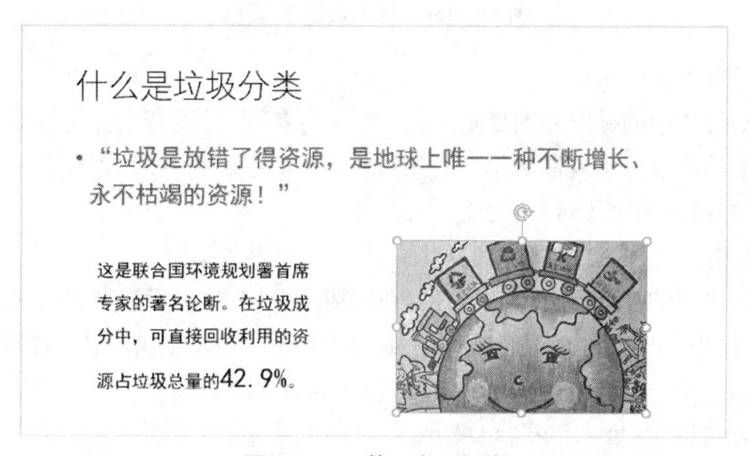

图 11－11　第 3 张幻灯片

③ 手动调整图片位置：按上述方法在第 6 张幻灯片中，分别插入“垃圾 1.jpg”“垃圾2.jpg”“垃圾 3.jpg”，参考样张(图 11－12)手动调整图片位置。

图 11－12　第 6 张幻灯片

4. 插入表格及表格的格式设置

(1) 添加幻灯片

在第 7 张幻灯片前，添加“标题和内容”幻灯片。在“单击此处添加标题”中填写“垃圾污染的危害”。

(2) 插入表格

在“单击此处添加文本”中单击表格按钮，在弹出的“插入表格”对话框中，填入 5 列，3 行，如图 11－13 所示。

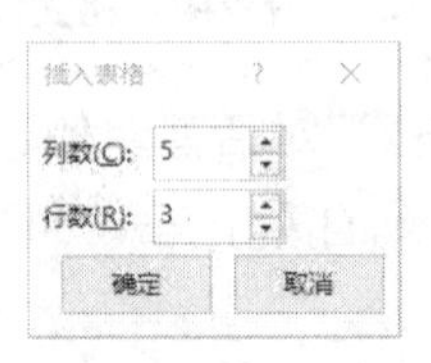

图 11－13　“插入表格”对话框

(3) 编辑表格文字

将第 8 张幻灯片中的标题分别复制到表格第 1 行各列，并设置字体为黑体，20 号字，居中对齐。将标题下的内容分别复制到第 2 行第 2 列、第 3 行第 3 列、第 2 行第 4 列、第 3 行第 5 列的表格中，设置字体为宋体，17 号字。

(4) 设置表格

合并表格第 1 列的 2、3 行，在其中右击，在快捷菜单中选择“设置形状格式”，在右侧“设置形状格式”功能区中，单击“填充”，选择“图片或纹理填充”，在下方单击“文件”按钮，在弹出的“插入图片”对话框中，选择“垃圾 4.jpg”，如图 11－14 所示。

用同样的方法将“垃圾 5.jpg”“垃圾 6.jpg”“垃圾 7.jpg”“垃圾 8.jpg”放入表格中。如图 11－15 所示。

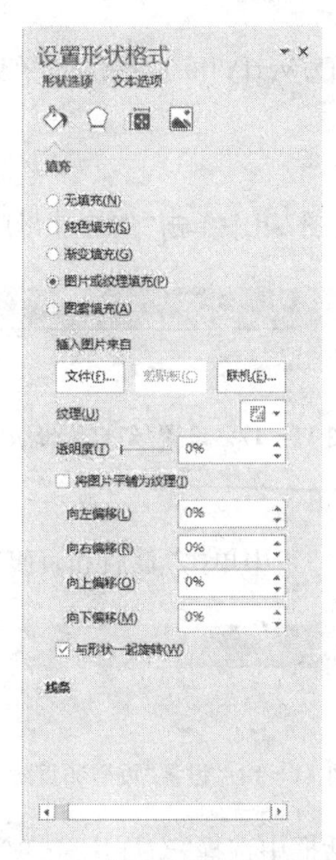

图 11－14　“设置形状格式”功能区

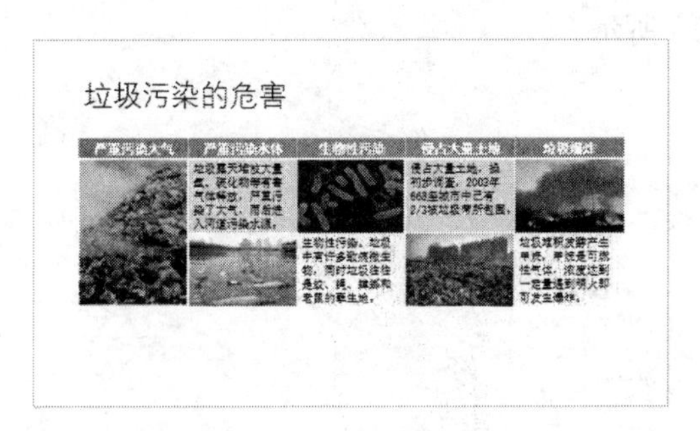

图 11－15　第 7 张幻灯片

最后调整第 8 张幻灯片版式为“竖排标题与文本”，如图 11－16 所示。

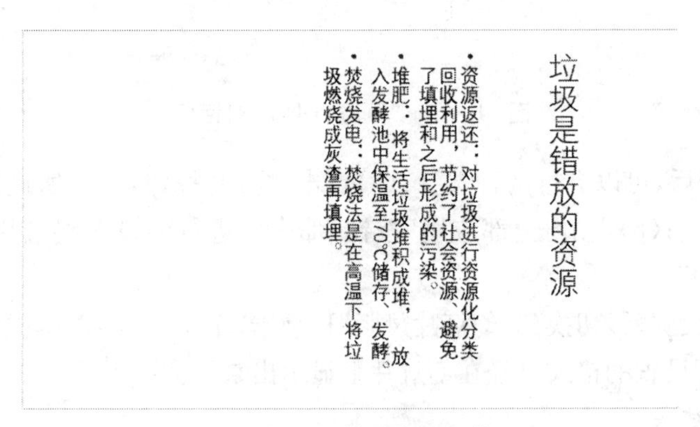

图 11－16　第 8 张幻灯片

5. 插入日期时间和页码

为了增加版面的美感，可利用 PowerPoint 所提供的“幻灯片母版”功能，也可插入页码、日期。操作步骤如下：

(1) 打开“幻灯片母版”

单击“视图”选项卡，在“母版视图”组中单击“幻灯片母版”按钮，如图 11－17 所示。

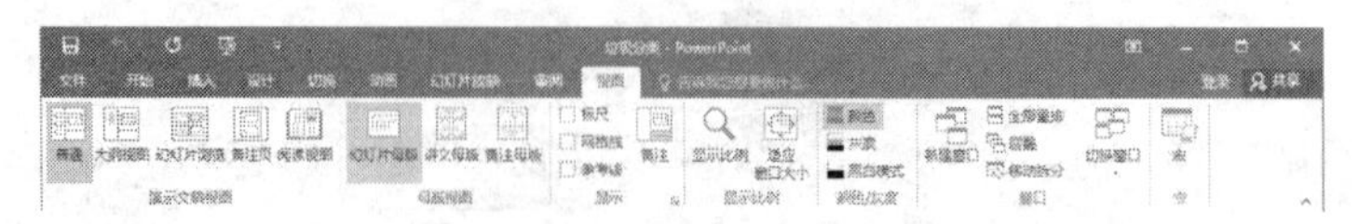

图 11－17　设置“幻灯片母版”

(2) 插入页码、日期。

① 单击“插入”选项卡，在“文本”组中单击“页眉和页脚”按钮，如图 11－18 所示。

图 11－18　设置“页眉和页脚”

② 在弹出的“页眉和页脚”对话框中选择“幻灯片”选项卡，在“幻灯片包含内容”区域勾选“日期和时间”“幻灯片编号”与“页脚”，在“日期和时间”中选择“自动更新”，在“页脚”处填入“垃圾分类”。如图 11－19 所示。

图 11－19　“页眉和页脚”对话框

③ 在设置完毕后，可以进行两种选择：(a)点击“应用”按钮，那么所进行的设置只应用于当前的标题幻灯片上；(b)点击“全部应用”按钮，那么所进行的设置将应用于所有幻灯片上。这里单击“全部应用”。

当完成所有的设置后，切换到“幻灯片母版”选项卡，单击“关闭母版视图”按钮，返回到普通视图，这时会发现设置的格式已经在幻灯片上显示出来了。

6. 存盘，保留结果

按原路径保存文件。

制作完毕后，按 F5 键(或单击屏幕左下方的“幻灯片放映”按钮)，便可放映幻灯片，观看放映效果。

注：演示文稿视图

演示文稿窗口的右下方有 4 个按钮，称为视图方式切换按钮，用于快速切换到不同的视图。从左至右依次为“普通视图”“幻灯片浏览视图”“阅读视图”“幻灯片放映”。这 4 个按钮的功能分别为：

(1) 普通视图。选择该视图，屏幕显示方式包含三个窗格：大纲窗格、幻灯片窗格和备注窗格。这些窗格使用户可在同一位置使用演示文稿的各种特征。拖动窗格边框，可调整其大小。大纲窗格，可组织和开发演示文稿中的文字内容，可键入演示文稿中的所有文本，然后重新排列项目符号、段落和幻灯片；幻灯片窗格，可查看每张幻灯片中的文本外观，可在单张幻灯片中添加图形、视频和声音，并创建超级链接以及向其中添加动画；备注窗格，使用户可添加与观众共享的演说者备注或信息。

(2) 幻灯片浏览视图。在幻灯片浏览视图中，可在屏幕上同时看到演示文稿中的所有幻灯片，这些幻灯片是以缩略图显示的，这样，就可以很容易地在幻灯片之间添加、删除和移动幻灯片以及选择动画切换。

(3) 阅读视图。阅读视图是以窗口形式对演示文稿中的切换效果和动画效果进行放映，在放映过程中可以单击鼠标切换放映幻灯片。

(4) 幻灯片放映。幻灯片放映的顺序有两种：若在普通视图中，以当前幻灯片开始放映；若在幻灯片浏览视图中，以所选幻灯片开始放映。

实验 12　演示文稿的个性化

一、实验要求

1. 掌握幻灯片版式、主题、设计模板的设置及应用。
2. 掌握幻灯片配色方案、背景的设置、母版的设置。
3. 掌握插入 SmartArt 图形、声音等多媒体对象的方法。
4. 掌握动画效果的设置、文本的超链接。
5. 掌握幻灯片切换效果设置和幻灯片放映的高级技巧。

二、实验步骤

1. 设置幻灯片主题及标题幻灯片背景

为了增加版面的美感，可利用 PowerPoint 所提供的"主题"功能，也可根据幻灯片内容个性化设置背景格式：

(1) 设置幻灯片主题

单击"设计"选项卡，在"主题"组中单击"环保"主题，如图 12－1 所示。

图 12－1　设置"环保"主题

(2) 设置标题幻灯片背景

单击"设计"选项卡，在"自定义"组中单击"设置格式背景"按钮，在右侧"设置背景格式"功能区中，单击"填充"，选择"图片或纹理填充"，在下方单击"纹理"按钮，弹出如图 12－2 所示纹理，从中选择"再生纸"。

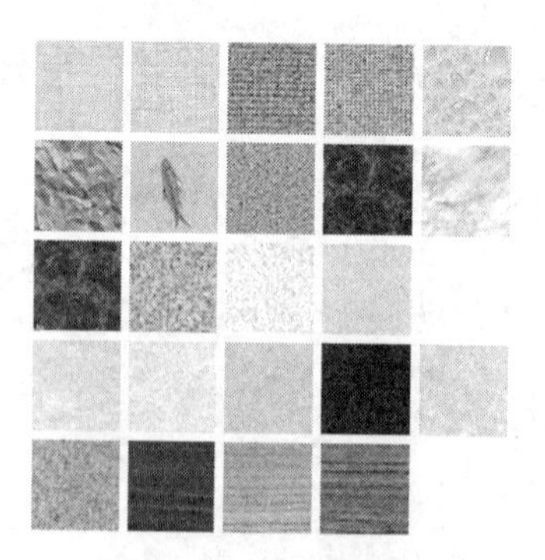

图 12－2　设置"纹理"

注：隐藏背景图形

此处若勾选"隐藏背景图形"选项则可忽略主题模板上的图案。

2. 设置母版字体

(1) 打开“幻灯片母版”

单击“视图”选项卡，在“母版视图”组中单击“幻灯片母版”按钮。

(2) 设置字体

选中左侧顶部的“环保 幻灯片母版：由幻灯片 1～9 使用”，设置标题为黑体，45 号字；内容为黑体，23 号字。关闭“幻灯片母版”，返回普通视图。

3. 插入 SmartArt 图形

(1) 修饰第 8 张幻灯片

① 单击“插入”选项卡，在“插图”组中单击“SmartArt”，如图 12－3 所示。

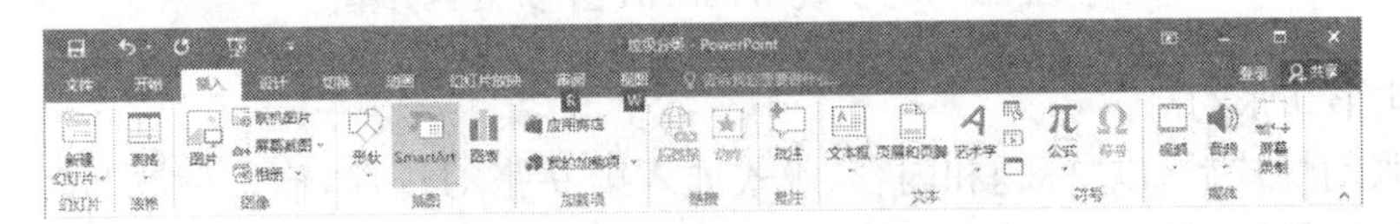

图 12－3　打开“SmartArt”对话框

② 弹出如图 12－4 所示对话框，在左侧选择“流程”，在中间区域选取“圆箭头流程”，单击“确定”按钮。

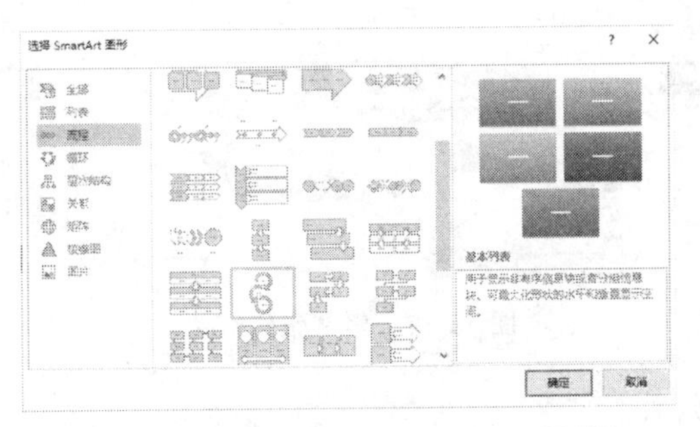

图 12－4　“选择 SmartArt 图形”对话框

③ 将“圆箭头流程”拖动至左侧位置，在上部输入“资源返还”，中间输入“堆肥”，下部输入“焚烧发电”；字体均设为仿宋，如图 12－5 所示。

④ 单击“SmartArt 工具”中的“设计”选项卡，在“SmartArt 样式”组中单击“更改颜色”，选择“彩色”分类中的“彩色—个性色”，如图 12－6 所示。

图 12－5　第 8 张幻灯片

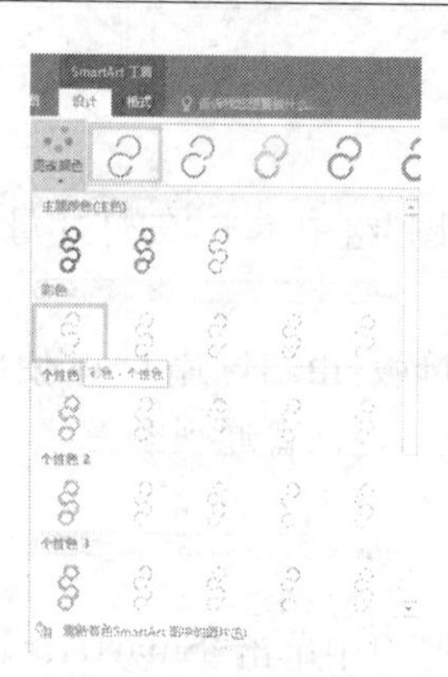

图 12-6 更改"SmartArt 图形"配色方案

(2) 新建第 9 张幻灯片

在第 8 张幻灯片后,以"标题和内容"版式插入第 9 张幻灯片,输入标题"垃圾的生命",在下方单击"图片"按钮,插入"垃圾分类 3.jpg",如图 12-7 所示。

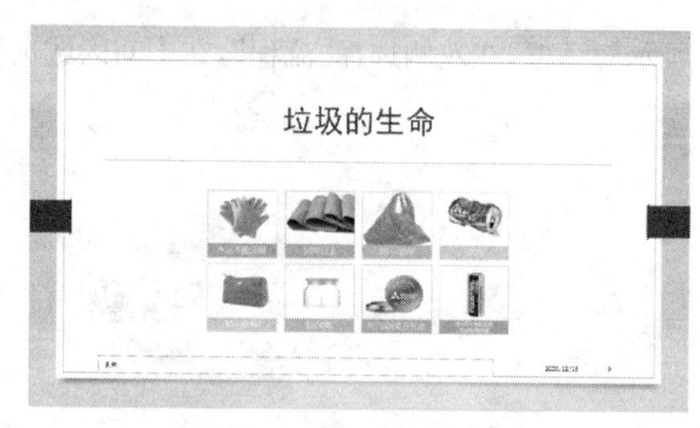

图 12-7 第 9 张幻灯片

(3) 插入第 10 张幻灯片

① 在第 9 张幻灯片后,以"标题和内容"版式插入第 10 张幻灯片,输入标题"生活中的垃圾分类",在下方单击"插入 SmartArt 图形"按钮。

② 弹出如图 12-8 所示对话框,在左侧选择"列表",在中间区域选取"水平项目符号列表",单击"确定"按钮。

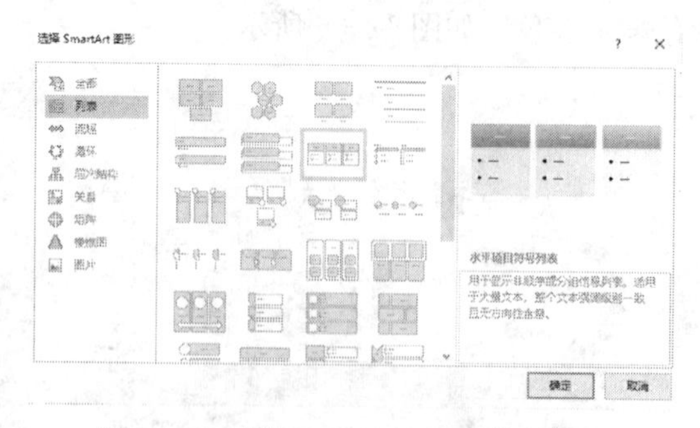

图 12-8 "选择 SmartArt 图形"对话框

③ 在最后一项标题处右击,在弹出的快捷菜单中单击"添加形状"中的"在后面添加形状",如图 12-9 所示。

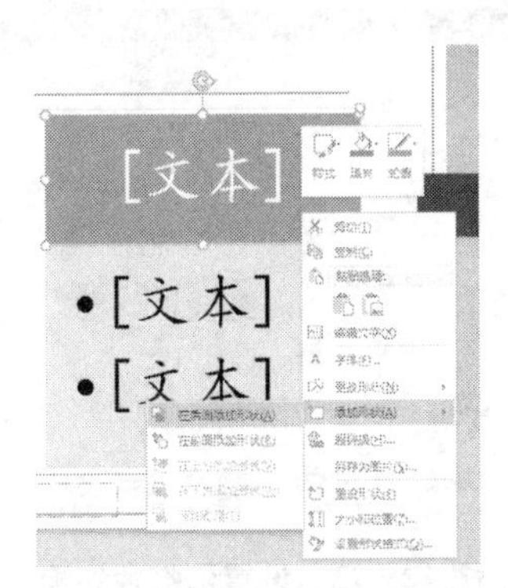

图 12-9　“SmartArt 图形”添加形状

④ 在图 12-10 中，选中所有文本(Ctrl+A)，将字体设为楷体，根据图 12-11 输入文字。输入过程中可通过右击选择“升级”“降级”“上移”“下移”来调整文字间的结构和顺序，如图 12-10 所示。

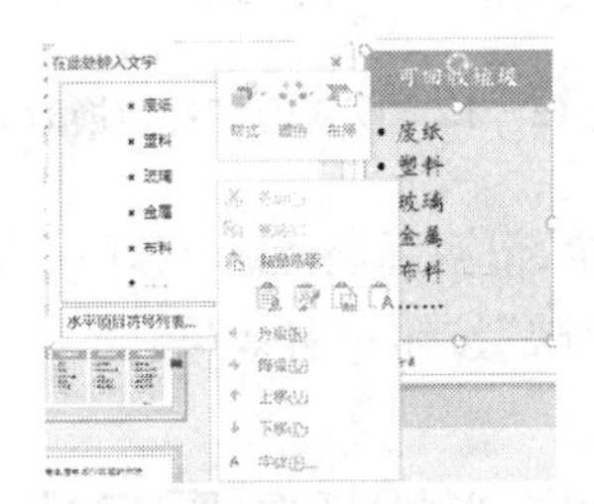

图 12-10　在“SmartArt 图形”中编辑文字

⑤ 单击“SmartArt 工具”中的“设计”选项卡，在“SmartArt 样式”组中单击“更改颜色”，选择“彩色”分类中的“彩色范围-个性色 3 至 4”。

图 12-11　第 10 张幻灯片

4. 设置幻灯片切换方式

所谓切换方式，就是幻灯片放映时一个幻灯片进入和离开屏幕时的方式，既可以为一组幻灯片设置一种切换方式，同时还能够设置每一张幻灯片都有不同的切换方式，但必须一张张地对它们进行设置。操作步骤如下：

(1) 切换到普通视图或者幻灯片浏览视图中，将要设置切换方式的幻灯片选中。

(2) 单击“切换”选项卡，在“切换到此幻灯片”组中选取“华丽型”中的“棋盘”，如图 12-12 所示。在“效果选项”中选择“自顶部”。

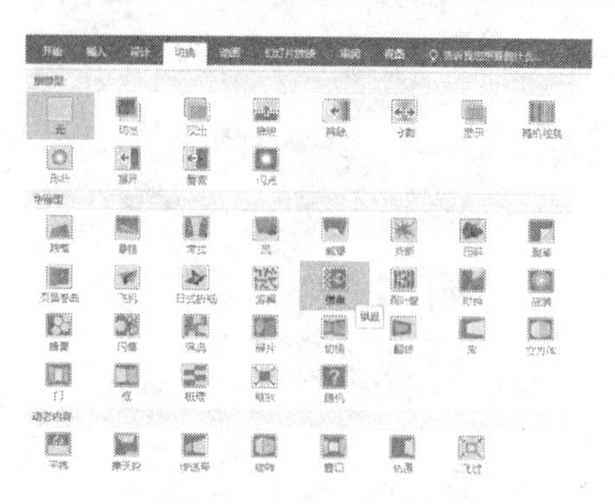

图 12－12　设置幻灯片切换

(3) 在“计时”组中设置声音为“箭头”，持续时间：01.75，换片方式勾选“单击鼠标时”，并设置“设置自动换片时间”为：01：30.00，如图 12－13 所示。

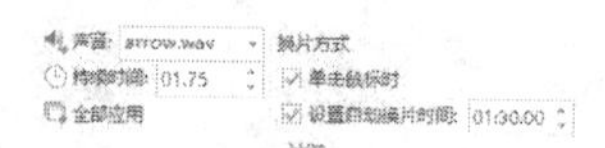

图 12－13　设置幻灯片切换时间

(4) 这里单击“计时”组中的“全部应用”将所有幻灯片都设为此切换效果。

设置完成后，可单击“幻灯片放映”按钮观看效果。

5. 设置文本、图片动画

“动画”功能可使幻灯片上的文本、形状、图像、图表和其他对象具有动画效果，这样可以突出重点，控制信息的流程，并提高演示文稿的趣味性。操作步骤如下：

(1) 为第 3 张幻灯片中的图片设置动画

① 单击“动画”选项卡，在“动画”组中单击其他下拉箭头，选取“更多进入效果”，如图 12－14 所示，在弹出的“更改进入效果”对话框(如图 12－15 所示)的“基本型”中选择“十字形扩展”。

图 12－14　选取“更多进入效果”

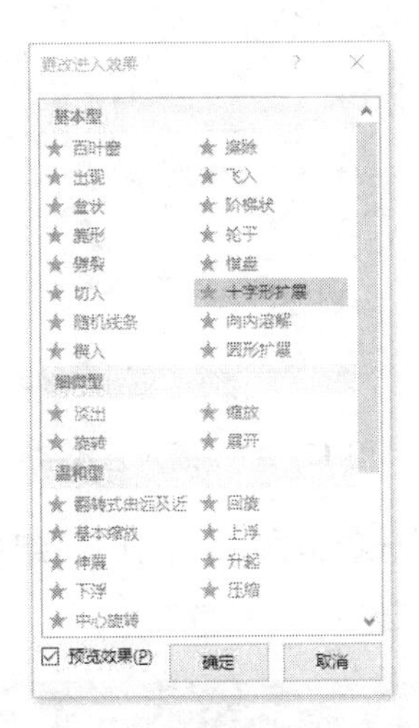

图 12－15　“更改进入效果”对话框

② 在“动画”组中单击“效果选项”下面的箭头，设置形状为“菱形”，方向为“切出”。

(2) 为第 3 张幻灯片中的文字设置动画

① 为第一段文字“垃圾……资源！”设置动画效果：“进入”“旋转”，效果选项为序列“作为一个对象”。

② 为第二段文字“这是……42.9%。”设置动画效果：“进入”“飞入”，效果选项为“自左下部”。

(3) 调整动画顺序

选择第二段文字，在“动画”选项卡中的“计时”组中单击“向前移动”，将其设置为最先进入的动画，如图 12－16 所示。

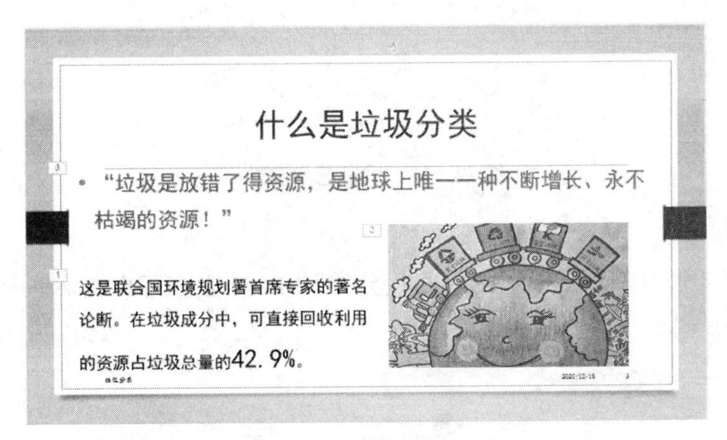

图 12－16　第 3 张幻灯片

6. 设置艺术字

(1) 修改第 2 张幻灯片的版式为“内容与标题”。

(2) 修改标题文字“垃圾分类”为仿宋、45 号字。

(3) 选中标题文本框，在“绘图工具”下方的“格式”选项卡中的“艺术字样式”组中单击“艺术字”，选择“渐变填充—橙色，着色 1，反射”，如图 12－17 所示。

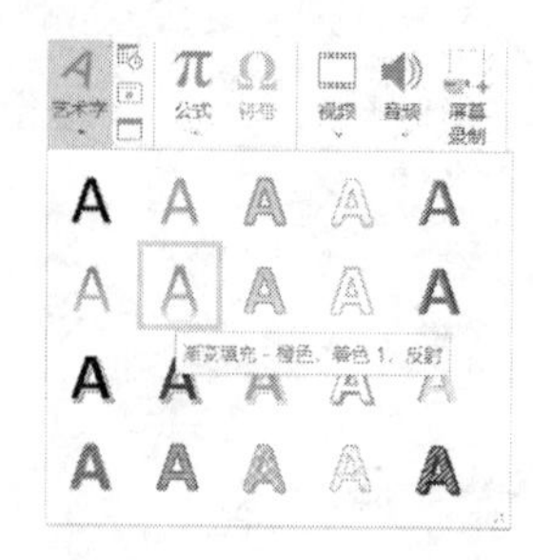

图 12 - 17　插入艺术字

(4) 在“绘图工具”下的“格式”选项卡“艺术字样式”组中单击“文本效果”，选择“转换”中的“山形”，如图 12 - 18 所示。

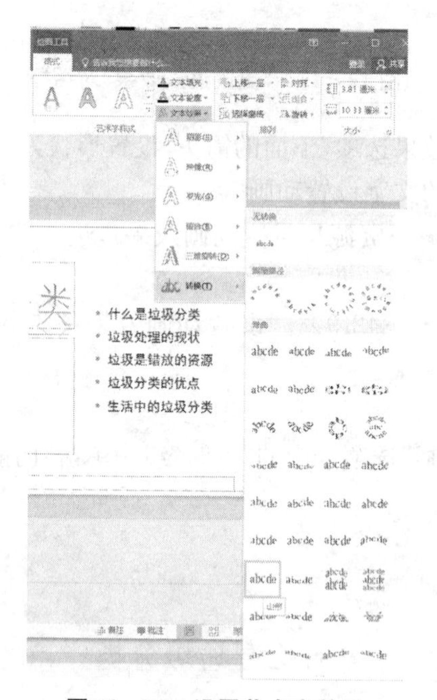

图 12 - 18　设置艺术字效果

7. 建立超级链接

(1) 选中第 2 张幻灯片中的“什么是垃圾分类”单击右键，在弹出的菜单中选择“超链接”，如图 12 - 19 所示。

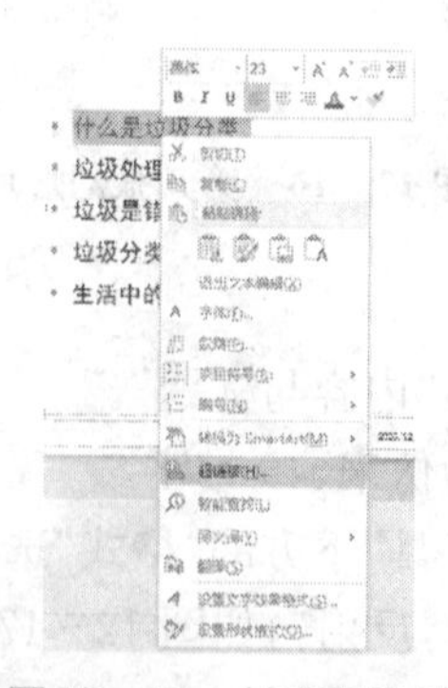

图 12 - 19　创建超链接

(2) 在“插入超链接”对话框中，单击“本文档中的位置”，选择“3.什么是垃圾分类”，参见图 12 - 20 所示。

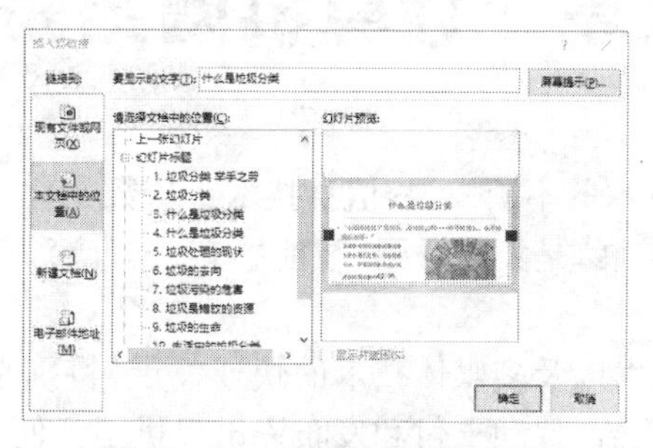

图 12 - 20　选择链接到的位置

(2) 以同样的方法为另外三个标题建立超级链接，分别链接到“5. 垃圾处理的现状”“8. 垃圾是错放的资源”“10. 生活中的垃圾分类”。

8. 设置背景音乐

为最后一张幻灯片插入背景音乐。

单击“插入”选项卡，在“媒体”组中单击“音频”按钮，选择“PC 上的音频”，在弹出的如图 12 - 21 所示对话框中，找到“垃圾分类歌.mp3”，单击“插入”按钮。

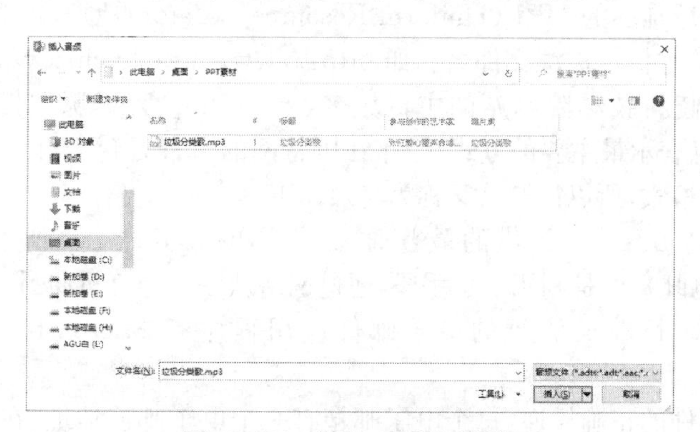

图 12 - 21　“插入音频”对话框

9. 幻灯片放映

单击“幻灯片放映”选项卡，在“设置”组中单击“设置幻灯片放映”按钮，在如图 12 - 22 所示对话框内“放映类型”中选择“观众自行浏览(窗口)”。

图 12 - 22　“设置放映方式”对话框

第五章　计算机网络基础

21 世纪以来，随着信息技术的不断发展，信息技术正从数字化时代转向智能化建设阶段，智能化是信息技术的进一步扩展，是集物联网、智能感知、云计算、移动互联、大数据等多领域信息技术为一体的综合技术。

信息技术、计算机网络技术以及多媒体技术的快速发展，特别是移动互联网络的出现，为人们随时随地进行网上信息交流、移动支付和发布资讯提供了方便快捷的平台，人们足不出户就可以了解世界各地发生的最新新闻，可以收发电子邮件、网上视频聊天、网上音频电话给世界各地的亲朋好友。

网页浏览器(Web Browser)，常被简称为浏览器，是一种用于检索并展示因特网信息资源的应用程序。常用的网页浏览器有 IE 浏览器、360 浏览器和 Chrome 浏览器等。其中网页浏览器主要通过 HTTP 协议与网页服务器交互并获取网页，网站由一个或多个网页文件(超文本文件)组成，它们之间通过超链接相连，它的起始页称为主页(HomePage)，是访问网站时看到的第一个网页，主页的文件名应与该网站服务器系统配置中指定的缺省页的文件名一致。每个网页都有一个全球唯一的 URL(Uniform Resource Locator)地址，URL 由 3 部分组成：资源类型、存放资源的主机及资源文件名。如 http://www.jit.edu.cn/xwzx/xyxw.htm，其中 www.jit.edu.cn 是金陵科技学院网站的主机域名，xyxw.htm 为资源文件名。这些独立的 URL 是因特网上信息表示最主要的方式，分布在因特网的数百万台主机上，利用浏览器可方便地对其进行浏览和检索，所以浏览器又称为超媒体工具。

收发电子邮件是 Internet 提供的最普通、最常用的服务之一。所谓电子邮件(又称 E-mail，简称邮件或电邮)，就是利用电子手段，通过网络从一台计算机向另一台计算机传递信息的一种通信方式。目前最流行的电子邮件应用程序有 Microsoft Outlook Express、Foxmail 等。

为了保证电子邮件的正确投递，每个电子邮箱有一个电子邮件地址，在 Internet 中，电子邮件地址如同我们每个人的家庭地址一样，只有通过这个地址才能收发个人邮件，才能确保邮件能正确地从一地传送到另一地。

一个电子邮件的地址遵循以下格式：Username@Hosts，即用户名和主机名两部分。用户名一般以用户自己名字或名字的部分、缩写或昵称等表示。主机名就是提供电子邮件服务的服务器名字或域名，中间用一个“@”来链接这两部分。所有的邮件地址都是唯一的，不可能出现两个相同的邮件地址，否则会出现邮件的发送和接收错误。

很多站点提供免费的电子信箱服务，不管从哪个 ISP 上网，只要能访问这些站点的免费电子信箱服务网页，用户就可以免费建立并使用自己的电子信箱。这些站点大多是基于 Web 页式的电子邮件，即用户要使用建立在这些站点上的电子信箱时，必须首先使用浏览器进入主页，登录后，在 Web 页上收发电子邮件，也即所谓的在线电子邮件收发。

本章安排了“信息检索”和“电子邮件(E-mail)的收发”两个实验。通过上机练习，要求掌握浏览器的使用和基本设置、掌握网站的访问和页面的保存、掌握网络资源信息检索和下载、掌握电子邮件的收发等内容。

实验 13　信息检索

一、实验要求

1. 掌握浏览器的使用和基本设置。
2. 掌握网站的访问和页面的保存。
3. 掌握网络资源信息检索和下载。

二、实验步骤

1. 浏览器的使用和基本设置

(1) 浏览器的类型和使用

网页浏览器(Web Browser),常被简称为浏览器,是一种用于检索并展示万维网信息资源的应用程序。常用的网页浏览器有 IE 浏览器、360 浏览器和 Chrome 浏览器等,其中网页浏览器主要通过 HTTP 协议与网页服务器交互并获取网页,这些网页由 URL 指定,比如访问金陵科技学院官网,地址为 http://www.jit.edu.cn,使用 360 浏览器打开网站主页如图 13-1 所示。

图 13-1　网站主页

(2) 浏览器的基本设置

用户可以将喜欢或经常浏览的网站收录到浏览器收藏夹中,以方便以后快速地打开它们。要将网站加入收藏夹,以金陵科技学院网页在 360 浏览器中的应用为例,其操作如下:

① 打开 360 浏览器,在地址栏输入金陵科技学院首页(http://www.jit.edu.cn)网址。

② 按 Ctrl+D 组合键或点击浏览器菜单栏"收藏"选项,在下拉菜单中选择"添加到收藏夹"命令。

③ 在弹出的"添加收藏"页面"名称"栏中输入收藏页面的名字,便于以后查找。

图 13－2 “添加收藏”对话框

④ 在弹出的如图 13－2 所示的对话框中，在“文件夹”选项中单击“新建文件夹”按钮，可以创建一个收藏文件夹，用于分类收藏不同类型的网站。

⑤ 单击“添加”按钮。

⑥ 按上述方法，分别把新浪(https://www.sina.com.cn)、百度(http://www.baidu.com)、腾讯(https://www.qq.com)等网站添加至收藏夹中。

注：

网址添加到收藏夹，也可以单击地址栏右侧的“收藏”菜单栏，在弹出的菜单中单击“添加到收藏夹”按钮。

⑦ 单击地址栏右侧的“工具”菜单栏，在弹出的菜单中单击“选项”按钮，按照实际需求对浏览器的基本设置进行配置，也可以对界面、标签和安全等其他设置进行配置。如设置浏览器启动时打开主页为金陵科技学院首页(http://www.jit.edu.cn)，如图 13－3 所示：

图 13－3 浏览器的设置

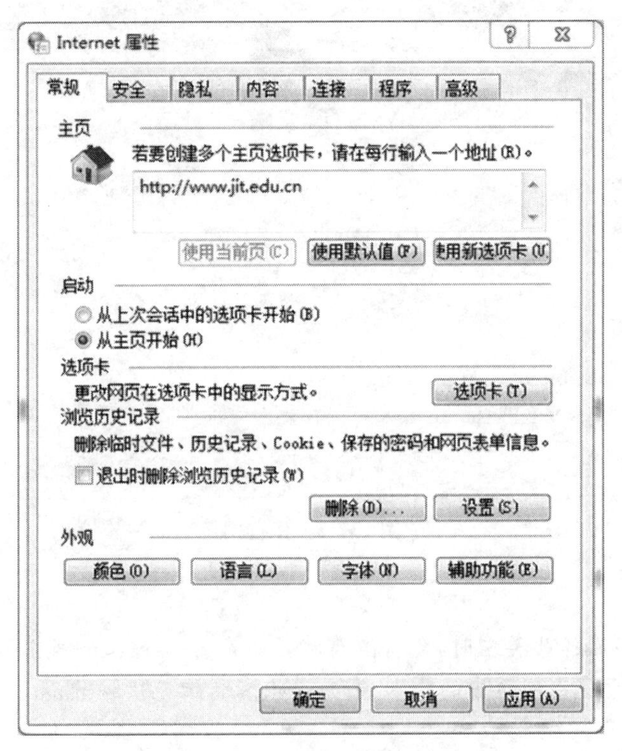

图 13－4　“Internet 属性”设置

注：

安全、隐私等其他高级配置，可以单击地址栏右侧的“工具”菜单栏，在弹出的菜单中单击“Internet 选项”按钮进入“Internet 属性”，按照实际需求进行配置，如图 13－4 所示。

2. 网站的访问和页面的保存

（1）访问金陵科技学院教务处网站

要访问某网站的主页地址，可以执行如下操作，以金陵科技学院教务处网站使用“IE 浏览器”访问为例。

① 单击“IE 浏览器”图标，打开浏览器。

② 在地址栏中输入金陵科技学院教务处网站网址（http://jwc.jit.edu.cn）。

③ 关闭浏览器。

（2）以文本文件格式保存金陵科技学院网站首页中的“学校概况”页面

① 打开 IE 浏览器，访问金陵科技学院首页（http://www.jit.edu.cn）网站，点击页面中的“学校概况”链接。

② 按 Ctrl＋S 组合键或点击浏览器菜单栏中的“文件”，选择“另存为”选项，在弹出的对话框中选择要保存的文件，位置为“桌面”。

③ 输入保存文件名为“金陵科技学院学校概况”，在“保存类型”下拉菜单中选择文本文件格式（＊.txt），如图 13－5 所示。

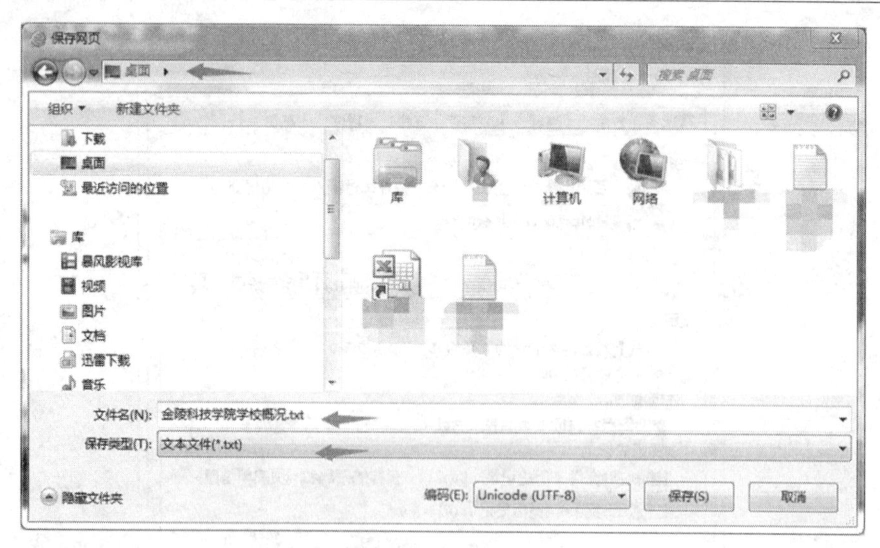

图 13－5　保存网页

注:保存类型

1. 网页,全部:选择此类型时,会将当前网页保存为一个.htm 或.html 文件,并生成一个同名的文件夹,用于保存网页中的脚本、图片等内容。但无法将 Flash 或视频等特殊文件保存下来。

2. Web 文档,单个文件:选择此类型时,会将网页保存成一个单独的.mht 文件,以便于管理。

3. 网页,仅 HTML:选择此类型时,将只保存网页中的文本。

4. 文本文件:选择此类型时,会将网页保存为一个文本文件。

提示:有些网页由于受到脚本或其他方式的保护而无法保存。另外,建议等到网页完全载入完毕后再保存,否则可能会出现保存过程中卡住不动的问题。

④ 单击"保存"按钮,即开始下载网页并保存到本地电脑,如图 13－6 所示。

图 13－6　下载网页

3. 网络资源信息检索和下载

(1) 下载图片

对于网页中需要的图片,可以下载下来,其操作方法如下。

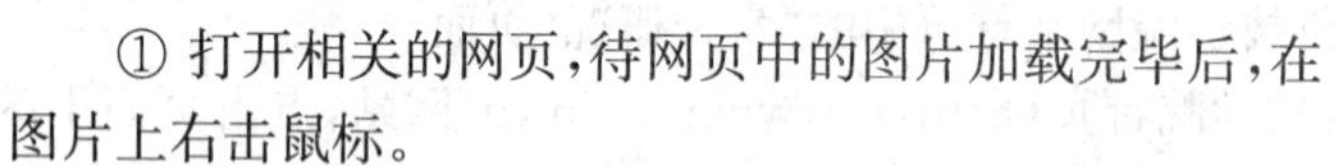

① 打开相关的网页,待网页中的图片加载完毕后,在图片上右击鼠标。

② 在弹出的菜单中选择 "图片另存为"命令。

③ 在弹出的"保存图片"对话框设置保存的路径、名称等,单击"保存"按钮。

注:

图片上右击鼠标,在弹出的菜单中选择"设置为背景"命令,可以直接将该图片设置为桌面背景。

(2) 下载文件

以下载"搜狗输入法"软件为例,讲解使用 360 浏览器下载文件的步骤。

① 访问百度首页(https://www.baidu.com)。

② 在搜索栏中输入“搜狗输入法”,单击“百度一下”按钮。

③ 在返回的搜索结果中,单击“搜狗输入法-首页(官网)”链接,在浏览器中打开搜狗输入法-网站首页,在页面中点击“立即下载”,如图 13-7 所示。

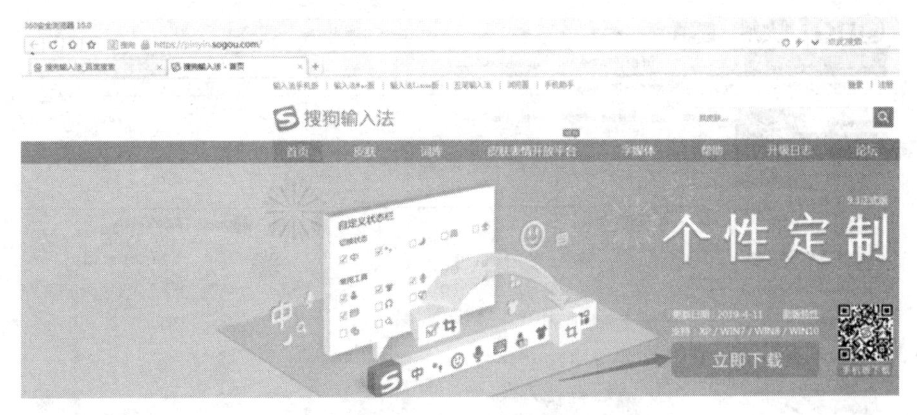

图 13-7　下载软件

④ 单击“保存”右侧的三角按钮,在弹出的菜单中选择“另存为”命令,在弹出的对话框中选择文件保存的位置,然后单击“保存”按钮即可。

(3) 中国知网(期刊网)资源信息检索

中国知网是一个提供文献检索的资源平台,金陵科技学院的所有在校学生均可以使用和访问此平台,浏览和下载相关资源。其基本操作方法如下:

① 打开 360 浏览器,访问金陵科技学院首页(http://www.jit.edu.cn),点击“我的金科院”进行登录,在弹出的页面输入用户名(本人学号)和密码,进入“金陵科技学院网上服务大厅”。

② 在页面中点击 “可用应用”选项,点击“图书服务”中的“期刊网”服务流程,如图 13-8 所示。

图 13-8　访问资源平台

③ 进入期刊网(中国知网 http://www.cnki.net)主页,在文献搜索栏可以搜索相关资源,根据需要可以下载相关资源。如搜索主题为“计算机网络安全技术”,其查询结果如图 13－9 所示,其查询结果均可浏览或下载。

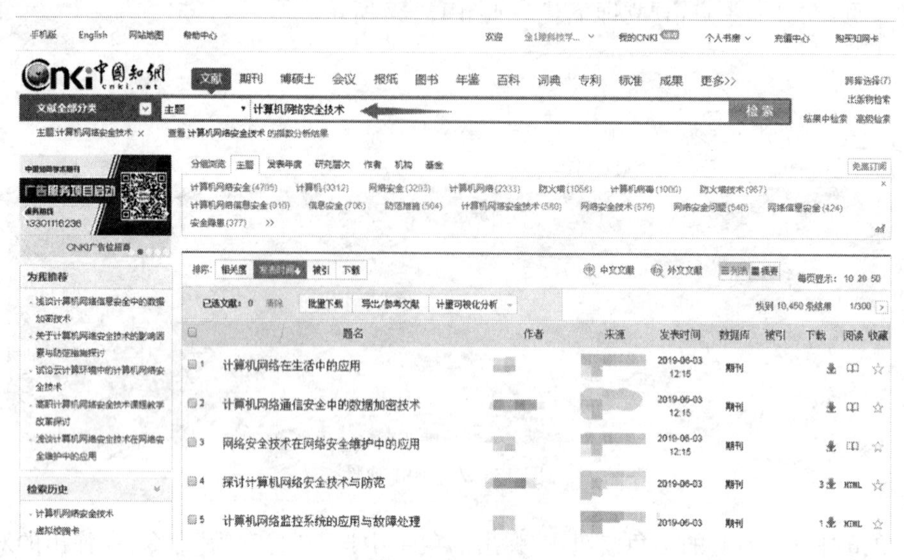

图 13－9　信息检索及下载

实验 14 电子邮件(E-mail)的收发

一、实验要求

1. 掌握电子邮箱的申请与登录。
2. 掌握电子邮件的编辑与发送。
3. 掌握电子邮件的接收与阅读。

二、实验步骤

1. 电子邮箱的申请与登录

(1) 电子邮箱的申请

以申请 126 免费邮箱为例,其操作方法如下:

图 14-1 注册新账号

图 14-2 填写账号申请信息

① 启动 360 浏览器，在地址栏中输入 https://www.126.com，并按 Enter 键。
② 进入 126 邮箱首页后，单击右侧的“注册新账号”按钮，如图 14－1 所示。
③ 在弹出的表单页面中填入邮件地址，若地址可用，则显示如图 14－2 所示的状态。
④ 继续填写其他项目，并完成手机号码实名验证后，完成邮箱注册。
提示：前面带有“＊”号的项目必须填写。
⑤ 完成注册后，即进入个人邮箱首页，如图 14－3 所示。

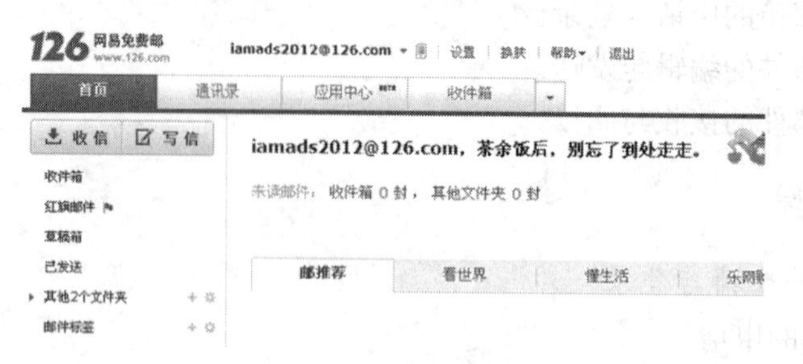

图 14－3　个人邮箱首页

(2) 电子邮箱的登录
以登录“126 邮箱”为例，介绍如何登录免费邮箱。
① 启动 360 浏览器，在地址栏中输入 https://www.126.com，并按 Enter 键。
② 在登录页面中输入之前注册好的用户名和密码。
③ 若希望之后十天内自动登录，可以选中其中的“十天内免登录”选项，如图 14－4 所示。

图 14－4　登录邮箱

④ 单击“登录”按钮，即可进入邮箱。
2. 电子邮件的编辑与发送
成功登录邮箱后即可编辑并发送邮件，以网易免费邮箱为例，其操作方法如下：
① 单击“写信”按钮，进入邮件编辑页面，如图 14－5 所示。
② 在“收件人”栏中输入接收邮件者的邮箱地址。
③ 在“主题”栏中输入邮件的主题。
④ 在“正文”栏中输入邮件内容。

⑤ 单击“添加附件”按钮，在弹出的对话框中选择一个要发送的附件。

⑥ 单击“打开”按钮即可开始上传，如图 14－6 所示。

图 14－5　邮件编辑页面

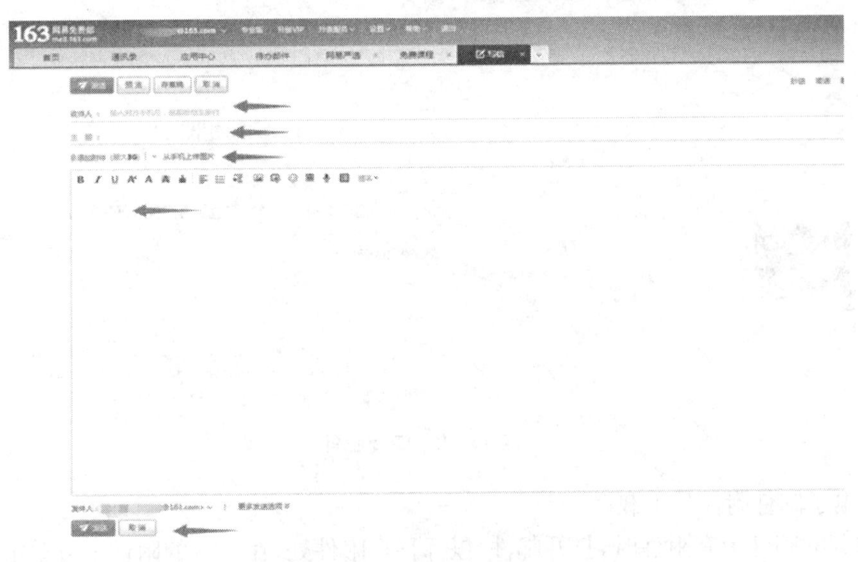

图 14－6　编辑并发送邮件

⑦ 等待附件上传完毕后，将显示成功上传的提示。

⑧ 输入完成后，单击“发送”按钮。

⑨ 邮件发送到对方邮箱中后，显示邮件发送成功页面，如图 14－7 所示。

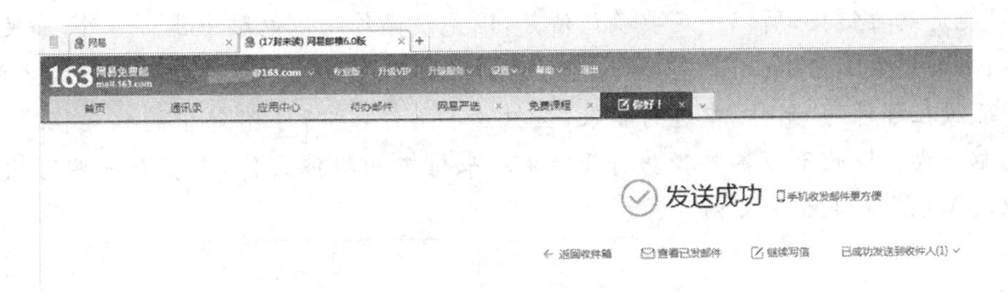

图 14－7　邮件发送成功页面

注：

在等待的过程中不用担心关闭窗口或关机等误操作会导致之前的邮件白写，126 和网易等大多数邮箱每隔一定时间就会自动保存一次，并存入“草稿箱”中，以便下次继续编辑。

3. 电子邮件的接收与阅读

(1) 电子邮件的接收与阅读

当收到电子邮件后，可以按照以下方法接收和阅读：

① 登录电子邮箱，然后选择窗口左侧的“收信”链接，将显示未阅读的邮件。若单击“收件箱”链接，则显示所有已收到的电子邮件。

② 在窗口右侧将出现邮件列表。

③ 单击邮件列表中的电子邮件的主题，即可将该邮件打开进行阅读，如图 14－8 所示。

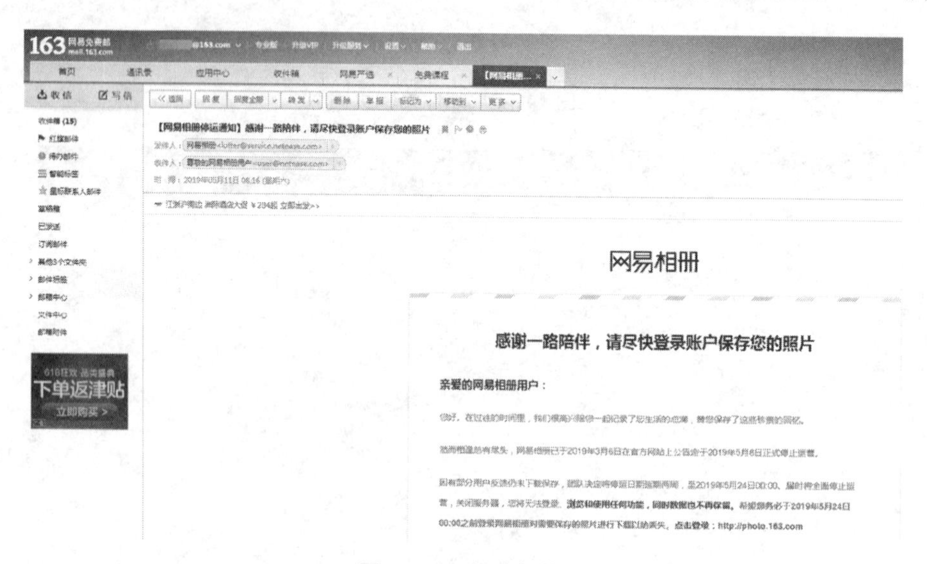

图 14－8　阅读邮件

(2) 电子邮件附件的下载

若收到的邮件带有附件时，打开邮件，鼠标移至附件处，在显示的附件上方单击“下载”，在弹出的“文件下载”对话框中单击“保存”按钮。在弹出的菜单中选择“另存为”命令，在弹出的对话框中选择文件保存的位置，然后单击“保存”按钮即可。

注：

收到陌生人的邮件时，不要急于打开并访问其中提供的链接，因为除了一些是广告链接外，还可能是病毒链接，所以一定要确认清楚，以免误操作而使电脑中毒。另外，如果邮箱中带有附件，则更要加倍小心，目前，通过电子邮件传播的病毒已经成为病毒传播的主要途径。它们一般藏在邮件的“附件”中进行扩散，当打开了附件，运行了附件中的病毒程序，就会使你的电脑中毒。因此千万不要轻易打开陌生人来信中的附件文件，尤其是一些可执行程序文件以及 Word 和 Excel 文档。

附录　全国计算机等级考试一级计算机基础及 MS Office 应用考试大纲（2021 年版）

基本要求

1. 掌握算法的基本概念。

2. 具有微型计算机的基础知识(包括计算机病毒的防治常识)。

3. 了解微型计算机系统的组成和各部分的功能。

4. 了解操作系统的基本功能和作用,掌握 Windows 7 的基本操作和应用。

5. 了解计算机网络的基本概念和因特网(Internet)的初步知识,掌握 IE 浏览器软件和 Outlook 软件的基本操作和使用。

6. 了解文字处理的基本知识,熟练掌握文字处理软件 Word 2016 的基本操作和应用,熟练掌握一种汉字(键盘)输入方法。

7. 了解电子表格软件的基本知识,掌握电子表格软件 Excel 2016 的基本操作和应用。

8. 了解多媒体演示软件的基本知识,掌握演示文稿制作软件 PowerPoint 2016 的基本操作和应用。

考试内容

一、计算机基础知识

1. 计算机的发展、类型及其应用领域。

2. 计算机中数据的表示与存储。

3. 多媒体技术的概念与应用。

4. 计算机病毒的概念、特征、分类与防治。

5. 计算机网络的概念、组成和分类;计算机与网络信息安全的概念和防控。

二、操作系统的功能和使用

1. 计算机软、硬件系统的组成及主要技术指标。

2. 操作系统的基本概念、功能、组成及分类。

3. Windows 7 操作系统的基本概念和常用术语,文件、文件夹、库等。

4. Windows 7 操作系统的基本操作和应用:

(1) 桌面外观的设置,基本的网络配置。

(2) 熟练掌握资源管理器的操作与应用。

(3) 掌握文件、磁盘、显示属性的查看、设置等操作。

(4) 中文输入法的安装、删除和选用。

(5) 掌握对文件、文件夹和关键字的搜索。

(6) 了解软、硬件的基本系统工具。

5. 了解计算机网络的基本概念和因特网的基础知识，主要包括网络硬件和软件，TCP/IP 协议的工作原理，以及网络应用中常见的概念，如域名、IP 地址、DNS 服务等。

6. 能够熟练掌握浏览器、电子邮件的使用和操作。

三、文字处理软件的功能和使用

1. Word 2016 的基本概念，Word 2016 的基本功能、运行环境、启动和退出。

2. 文档的创建、打开、输入、保存、关闭等基本操作。

3. 文本的选定、插入与删除、复制与移动、查找与替换等基本编辑技术；多窗口和多文档的编辑。

4. 字体格式设置、文本效果修饰、段落格式设置、文档页面设置、文档背景设置和文档分栏等基本排版技术。

5. 表格的创建、修改；表格的修饰；表格中数据的输入与编辑；数据的排序和计算。

6. 图形和图片的插入；图形的建立和编辑；文本框、艺术字的使用和编辑。

7. 文档的保护和打印。

四、电子表格软件的功能和使用

1. 电子表格的基本概念和基本功能，Excel 2016 的基本功能、运行环境、启动和退出。

2. 工作簿和工作表的基本概念和基本操作，工作簿和工作表的建立、保存和退出；数据输入和编辑；工作表和单元格的选定、插入、删除、复制、移动；工作表的重命名和工作表窗口的拆分和冻结。

3. 工作表的格式化，包括设置单元格格式、设置列宽和行高、设置条件格式、使用样式、自动套用模式和使用模板等。

4. 单元格绝对地址和相对地址的概念，工作表中公式的输入和复制，常用函数的使用。

5. 图表的建立、编辑、修改和修饰。

6. 数据清单的概念，数据清单的建立，数据清单内容的排序、筛选、分类汇总，数据合并，数据透视表的建立。

7. 工作表的页面设置、打印预览和打印，工作表中链接的建立。

8. 保护和隐藏工作簿和工作表。

五、PowerPoint 的功能和使用

1. PowerPoint 2016 的基本功能、运行环境、启动和退出。

2. 演示文稿的创建、打开、关闭和保存。

3. 演示文稿视图的使用，幻灯片的基本操作(编辑版式、插入、移动、复制和删除)。

4. 幻灯片的基本制作方法(文本、图片、艺术字、形状、表格等插入及格式化)。

5. 演示文稿主题选用与幻灯片背景设置。

6. 演示文稿放映设计(动画设计、放映方式设计、切换效果设计)。

7. 演示文稿的打包和打印。

考试方式

上机考试,考试时长 90 分钟,满分 100 分。

一、题型及分值

单项选择题(计算机基础知识和网络的基本知识)　20 分
Windows 7 操作系统的使用　10 分
Word 2016 操作　25 分
Excel 2016 操作　20 分
PowerPoint 2016 操作　15 分
浏览器(IE)的简单使用和电子邮件收发　10 分

二、考试环境

操作系统:Windows 7
考试环境:Microsoft Office 2016